Danyal Zahid

Estudo aprofundado do módulo ProE CAM e implementação de conceitos CIM

Danyal Zahid

Estudo aprofundado do módulo ProE CAM e implementação de conceitos CIM

ScienciaScripts

Imprint
Any brand names and product names mentioned in this book are subject to trademark, brand or patent protection and are trademarks or registered trademarks of their respective holders. The use of brand names, product names, common names, trade names, product descriptions etc. even without a particular marking in this work is in no way to be construed to mean that such names may be regarded as unrestricted in respect of trademark and brand protection legislation and could thus be used by anyone.

Cover image: www.ingimage.com

This book is a translation from the original published under ISBN 978-3-659-82633-7.

Publisher:
Sciencia Scripts
is a trademark of
Dodo Books Indian Ocean Ltd. and OmniScriptum S.R.L publishing group

120 High Road, East Finchley, London, N2 9ED, United Kingdom
Str. Armeneasca 28/1, office 1, Chisinau MD-2012, Republic of Moldova, Europe
Printed at: see last page
ISBN: 978-620-8-30523-9

AGRADECIMENTOS

Em primeiro lugar, gostaria de agradecer a Deus Todo-Poderoso, que nos abençoou com esta grande oportunidade e nos abriu o caminho para a conclusão do projeto

Gostaria de agradecer ao Departamento de Engenharia Mecatrónica da Faculdade de Engenharia Eléctrica e Mecânica por nos ter proporcionado esta oportunidade de adquirirmos conhecimentos sobre aplicações industriais. Ao longo do projeto, tivemos uma grande ajuda dos supervisores do projeto, Dr. Kunwar Faraz e Sir Umer Hameed. Eles forneceram-nos tanto o aspeto técnico do projeto como o aspeto técnico da gestão do projeto num determinado período de tempo.

Estou também grato ao Chefe de Departamento, Dr. Javed Iqbal, que nos orientou para esta oportunidade e nos ajudou a imergir no ambiente industrial. Este feito não seria possível sem as orações das nossas famílias e amigos que continuaram a ser uma grande ajuda e apoio para nós.

RESUMO

Atualmente, a utilização de processos de maquinagem rápidos e eficientes é de grande importância para a indústria transformadora. Os processos de maquinagem tradicionais não eram fiáveis, demoravam tempo e eram dispendiosos para a produção unitária. O mundo moderno começou a procurar métodos de maquinagem rápidos e eficientes, o que levou à evolução da tecnologia CNC. Estas máquinas são rápidas e eficientes e têm uma grande precisão dimensional e uma seleção versátil de ferramentas. A evolução da tecnologia CAD/CAM trouxe uma revolução na tecnologia de maquinagem.

O primeiro objetivo deste projeto é compreender a tecnologia CAD/CAM, utilizando o módulo CAM do ProE (PRO/NC) em pormenor. O segundo objetivo do projeto é compreender a utilização do CIM num ambiente de maquinagem e compreender as operações individuais do braço robótico, dos CNC, do ASRS e do sistema de transporte e, em seguida, o funcionamento de todo o equipamento para um trabalho específico num ambiente automatizado. O terceiro objetivo deste projeto consiste em reparar a fresadora CNC do departamento de Mecatrónica e o último objetivo consiste em estabelecer uma interface entre a fresadora vertical RHINO RM/6 e o computador.

ÍNDICE DE CONTEÚDOS

CAPÍTULO 1 - INTRODUÇÃO

Novo milénio, o século 21st, o nosso mundo passou da Idade da Pedra para a idade da ironia. Em todas as profissões, o homem reduziu os seus encargos e transferiu-os para o mundo das máquinas. É o caso dos processos de fabrico. Atualmente, o fabrico é o desenvolvimento e a utilização dos sistemas de fabrico integrado por computador (CIM). **Produção Integrada por Computador**

Fabrico é o nome do sistema automatizado por computador que é uma forma automática, avançada e sofisticada de um **processo de fabrico** no qual estão organizadas as funções de engenharia, produção, marketing e apoio de uma empresa de fabrico. O CIM corresponde ao funcionamento da conceção, análise, planeamento, compras, contabilidade analítica, controlo de stocks e distribuição, que estão ligados através do computador às funções de chão de fábrica, como o manuseamento e a gestão de materiais, proporcionando um controlo direto e a monitorização de todas as operações.

A espinha dorsal do CIM é o CAD (desenho assistido por computador) e o CAM (fabrico assistido por computador). São utilizados para reduzir o tempo de produção do fenómeno. O CAD/CAM é uma tecnologia altamente eficiente e avançada utilizada como ferramenta entre a conceção e o fabrico. Proporcionam capacidades de conceção/desenho, planeamento e programação, bem como de fabrico. O CAD fornece a parte eletrónica para as imagens e o CAM fornece a facilidade para que os cortadores do percurso da ferramenta assumam a peça em bruto.

Utilizando a computação gráfica, o CAD oferece aos designers a oportunidade de produzir imagens electrónicas que podem ser visualizadas como sólidos bidimensionais, tridimensionais ou sob a forma de um conjunto capaz de rotação, revolução e translação, etc. Com a ajuda de novos softwares avançados e de fácil utilização, podemos agora analisar e testar os nossos protótipos.

Para efeitos de conceção e fabrico, utilizamos o Pro-E utilizando a sequência NC. É útil na geração de códigos G (códigos de geometria) e códigos M (códigos de máquina)

A computação gráfica fornecida pelo CAD permite que os designers criem imagens electrónicas que podem ser representadas em duas dimensões ou como um componente ou conjunto sólido tridimensional que pode ser rodado à medida que é visualizado. Os programas de software avançados podem analisar e testar os projectos antes de ser criado um protótipo.

Os programas de análise de elementos finitos permitem aos engenheiros prever os pontos de tensão numa peça e os efeitos da carga.

Os sistemas integrados CAD/CAM utilizam o Pro/E para a conceção e fabrico, criando a sequência NC. O Pro/NC cria os dados necessários para acionar uma máquina-ferramenta NC para maquinar uma peça ProE. Para tal, fornece as ferramentas que permitem ao engenheiro de produção seguir uma sequência lógica de passos para progredir de um módulo de desenho para ficheiros de dados ASCII CL que podem ser pós-processados em dados de máquinas NC.

O objetivo do projeto é explorar os equipamentos CIM completos. A metodologia de exploração e aprendizagem é constituída pelas seguintes etapas.

1. Funcionamento de todas as máquinas-ferramentas a partir de uma consola pedagógica para explorar o comportamento da máquina face a diferentes comandos em modo de ensino.
2. Aprender a sintaxe de programação relevante para as respectivas máquinas-ferramentas.
3. Funcionamento de todas as máquinas-ferramentas a partir do computador em modo automático.
4. Módulo CAD/CAM de Torno CNC e Fresadora CNC.
5. Integração de todos os equipamentos para trabalhar em modo sincronizado para apresentar o conceito de Mini Fábrica Automatizada e Conceitos CIM.
6. Manutenção de uma máquina de fresagem CNC.

CAPÍTULO 2 - INSTRUÇÕES DE FUNCIONAMENTO DAS MÁQUINAS-FERRAMENTAS

2.1 Braço robótico Mitsubishi Melfa RV-2AJ

Trata-se de uma introdução prática ao robô industrial de 5 eixos Mitsubishi RV-2AJ.

2.1.1 Segurança

Seguem-se algumas regras de segurança que devem ser respeitadas.

1. NUNCA entre no espaço de trabalho do robô quando este estiver a funcionar.
2. Manter sempre uma mão na paragem de emergência e observar o robô durante todo o seu ciclo de funcionamento
3. A carga útil máxima a toda a extensão é de 0,5 kg.
4. Nunca deixe o robô sem vigilância quando este estiver a funcionar.
5. Não desligue a alimentação principal enquanto o robô estiver a trabalhar ou o servo estiver ligado.
6. Antes de desligar o robot, certifique-se sempre de que este se encontra na posição de segurança, ou seja, na posição inicial.

2.1.2 Modos de funcionamento

O sistema do robot é composto por quatro partes:

1. O controlador do robot "Melfa CR1-571".
2. O braço robótico Mitsubishi RV-2AJ.
3. Um pingente Teach.
4. Anfitrião cel

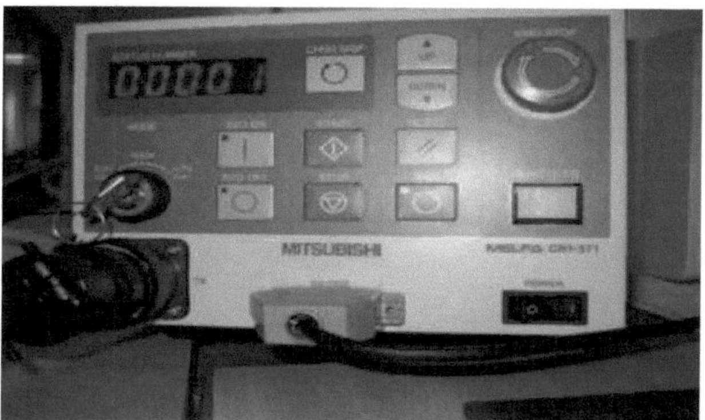

Figura 2.1O controlador

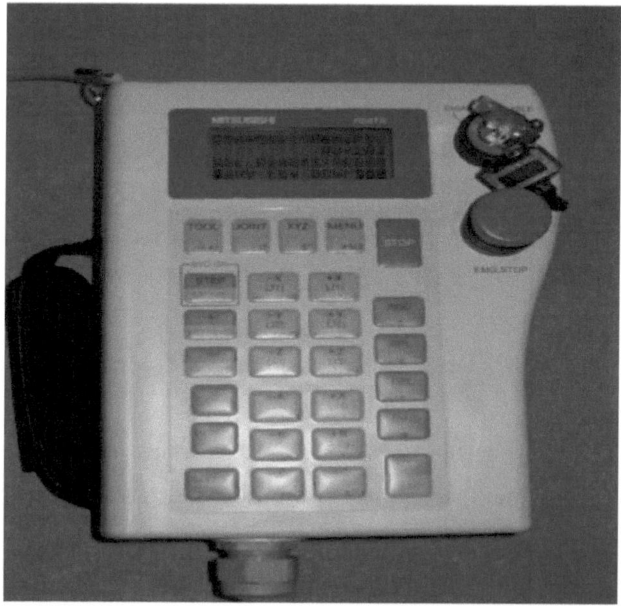

Figura 2.2Pendente de ensino

1. Ensinar o modo pendente.
2. Modo de funcionamento automático.
3. Funcionamento através da célula hospedeira 2.

1.1.1.1 Modo pendente de ensino

1. Rode a chave do controlador para TEACH.
2. Rode a tecla no Teach Pendant para ENABLE (ativar).

Para mover o robô no modo jog, prima o botão "STEP/MOVE" enquanto mantém premido o manípulo do homem morto por baixo do pendente. (Manter estes dois botões premidos liga os servos). O LED "SVO ON" fica verde. O robô pode agora ser movido no espaço conjunto (θ a θ_5) ou no espaço cartesiano (XYZ).

1.1.1.2 Funcionamento automático

O funcionamento automático é utilizado para executar programas que estão armazenados na memória do controlador do robô. O programa será executado continuamente uma vez iniciado.

1. Rode a tecla no Teach Pendant para DISABLE (Desativar).
2. Rodar a chave do controlador para AUTO (Op.).
3. Premir o botão "Change Display" até que a visualização do estado mostre "P.xxxxxx".
4. Prima o botão "Para cima" ou "Para baixo" para selecionar o seu programa.
5. Ligar os servos premindo o botão "SVO ON".
6. Prima "START".
7. Se o botão "END" for premido, o robô termina o ciclo do programa atual e pára.
8. Se o botão "STOP" for premido, o robô pára imediatamente.

1.1.1.3 Funcionamento automático, controlado externamente (célula hospedeira 2)

1. Rode a tecla no Teach Pendant para DISABLE (Desativar).
2. Rode a chave do controlador para AUTO (Ext.).
3. Para comunicar com o arranque do robô:

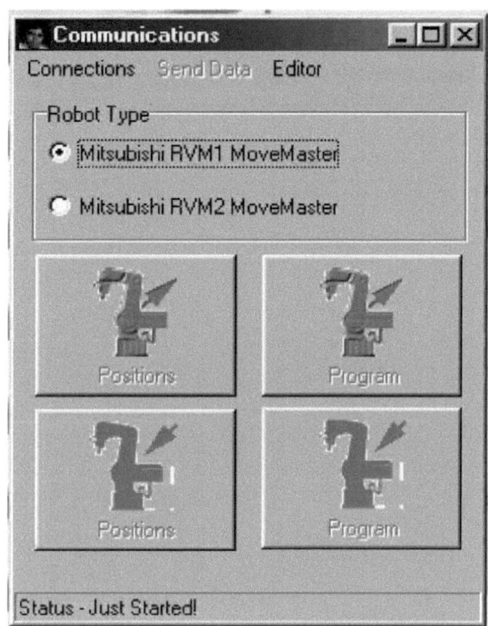

Figura 2.3 comunicador robô

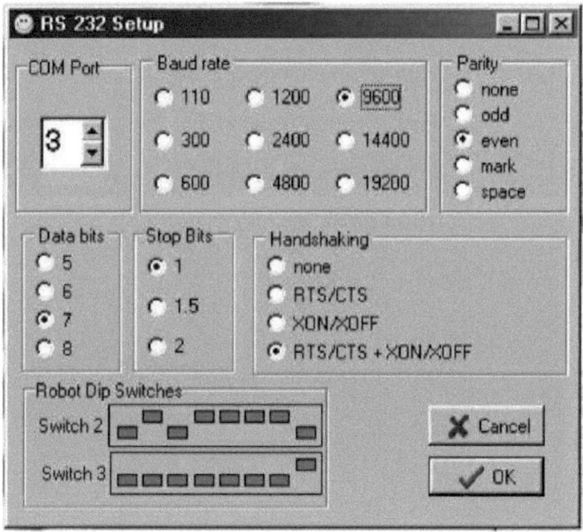

Figura 2.4 Configuração do RS232

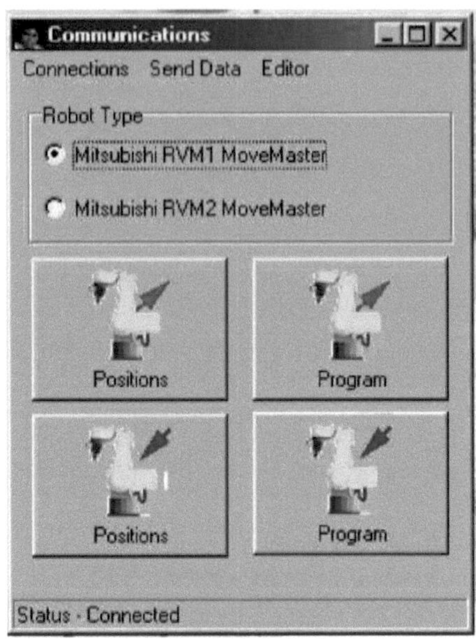

Figura 2.5 Robô ligado

2.1.3 Criação e download de um ficheiro MELFA-BASIC

1. Um ficheiro MELFA-BASIC é um programa para controlar o robot, por exemplo Teste.rob.

RS	Repor o controlador.
OVRD 20	Ajustar a velocidade para 20%.
MO 5,O	Passar para a posição 5 com a pinça aberta.
MO 6,C	Passar para a posição 6 com a pinça fechada.
RN	; Fim do programa.

2. Para descarregar o programa para o controlador, execute os seguintes passos, conforme indicado na figura.

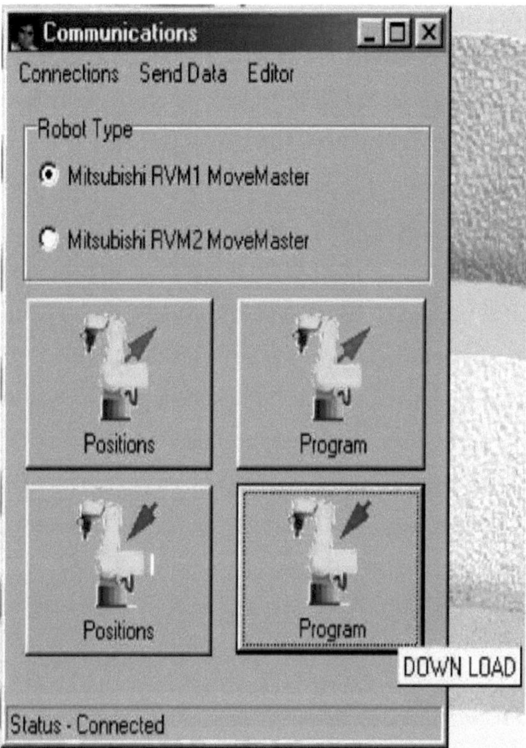

Figura 2.6 Janela de descarregamento

2.1.4 Criar pontos de ensino

Os pontos de ensino (TP's) definem posições de destino para o robot. Para criar uma nova posição de aprendizagem, efectue os seguintes passos:

1. Interruptor de chave do controlador colocado em [TEACH]
2. Interruptor da tecla Teach Pendant colocado em [ENABLE]
3. Prima [BOTÃO DO HOMEM MORTO] em
4. Premir o botão [MENU]
5. Selecionar [ENSINAR] (Opção n.º 1)
6. Selecionar o programa [ABC] (predefinição) premindo o botão INP/EXE
7. Manter premido o botão [STEP/MOVE] (Servo's ON)
8. Prima os botões [POS] + [ADD] em simultâneo
9. Introduza o número da posição que pretende ensinar, por exemplo, 11
10. Colocar os eixos na posição correta
11. Prima os botões [STEP/MOVE] (Servo's ON) + [ADD]
12. Prima novamente os botões [STEP/MOVE] (Servo's ON) + [ADD] para confirmar REPLACE

2.1.5 Referência de instruções

Referência de instruções Comando	Explicação	Exemplo
MOV	Desloca o robô para uma posição de ponto de ensino	MOV P1
MVS	Desloca o robô para um ponto de ensino em linha reta	MVS P1
Desloca o robô para uma posição acima do ponto de aprendizagem numa linha reta. (Distância do eixo Z no quadro de ferramentas)	MVS P1, -50	
OVRD	Ultrapassar o limite de velocidade (0 a 100%) (nunca utilizar mais de 30 por razões de segurança!	MVS 20
	a primeira linha do seu programa)	
DLY	Atraso em segundos - O robô espera	DLY 0,5
ABRIR	Abre a pinça	ABRIR 1
HCLOSE	Fecha a pinça	HCLOSE 1
GOSUB	Chama uma sub-rotina	GOSUB *PICK
RETORNO	Retorna da sub-rotina	RETORNO
DEF POS	Define uma variável de posição	DEF POS PTMP
FIM	Fim do programa	FIM

Tabela 2.1 Referência da instrução

2.1.6 Mensagens de erro comuns

Quando ocorre um erro, o controlador emite um sinal sonoro. Para recuperar de um erro, prima o botão de reposição na consola de programação ou no controlador do robô. Se o botão de paragem de emergência tiver sido premido, deve ser retirado antes de premir reset.

Em alguns casos, é apresentado um código de erro no ecrã. Os códigos de erro mais comuns são apresentados em seguida.

Código	Significado
L2800 - L2803	os dados relativos à posição são inadequados. *
L2600 - L2603	a posição está fora do intervalo *
H0060	A paragem de emergência no controlador foi premida
H0070	A paragem de emergência do T/B foi premida
H5000	A tecla T/B Enable foi validada no modo automático.
H1010	Colisão
C1350	Sobrecarga (eventualmente colisão)
C4340	Variável não definida (esqueceu-se do DEF POS ou esqueceu-se de descarregar o ficheiro do ponto de ensino)

Tabela 2.2 Erros comuns

2.1.7 Limites do envelope de trabalho

Limites do espaço articular:

Conjunto	Limite
J1	-150° a +150°
J2	- 60° a +120°
J3	-110°a +120°
J5	- 90° a + 90°
J6	-200° a +200°

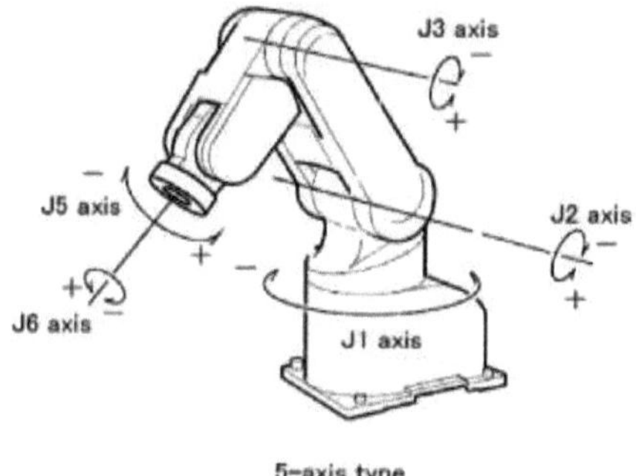

Figura 2.7 Eixo do robô

2.1.8 Definição de parâmetros para o modo CIM

Para preparar o robot para trabalhar com a CIM, é necessário definir alguns parâmetros. Siga os seguintes passos para definir os parâmetros:

1. A partir da consola de programação, prima o botão MENU, depois MAINT (opção 5) e depois PARAMETER (opção 1)

2. O parâmetro RLNG deve ser alterado de 1 para 0 para entrar no modo Movemaster.

(RLNG) ( )

(0)

Prima INP/EXE duas vezes para definir o valor

3. O parâmetro SLOTON precisa de ser alterado de 1 para 3 para manter a ranhura do programa.

(SLOTON) ( )

(3)

Prima INP/EXE duas vezes para definir o valor

4. O parâmetro SLT1 precisa de ser alterado.

(SLT1) ( )

ABC, CYC, START, 1. Por exemplo, ABC.MB4, CYC, START, 1.

Prima INP/EXE duas vezes para definir o valor

5. O parâmetro START deve ser alterado de 3, 0 para 3, 4.

O programa ABC que criou acima é apenas um local de armazenamento para guardar todas as posições necessárias para esse Robô e executar comandos de movimentação de posições

6. Introduzir no controlador os VALORES DE ORIGEM individuais (para o robô de torno) que vêm com cada robô

7. No Teach Pendant selecione a seguinte sequência

MENU

MANUTENÇÃO

ORIGEM

DADOS

Introduzir 1 para EXECUTAR

Botão INP/EXE para desligar os servos

<DATA> D (0AT#W3)

1: (0J5$6Q) (XOU00D)

3: (005B0D) (-------------------------)

5: (001%J9) (0M21U7)

8. Depois de introduzir todos os dados, prima o botão INP e aparecerá o ecrã de confirmação de origem.

9. Prima 1 e o botão INP para terminar a operação de definição da origem

2.2 Controlador Fanuc de Moinho e Torno

2.2.1 Homologação de máquinas-ferramentas Fanuc 21i

1. Prima o botão VERDE para entrar no software 21i em execução
2. Ao arrancar, o botão VERDE piscará, indicando que é necessário premi-lo novamente
3. Deslocar os eixos para fora das posições de ponto zero
4. Selecionar JOG e os botões dos eixos individuais ou MPG (volante) e o botão X100 e os botões dos eixos individuais, por ex. **Nota? a porta tem de estar fechada**

Por exemplo

Botão MDI [Botão médio]

PROG [Botão rígido] Este botão ACTUALIZA

quando em MDI /

Modo JOG

M [Botão rígido]

3 [Botão rígido]

9 [Botão rígido]

Botão INSERT [Botão rígido]

Botão EOB [Botão rígido]

Botão INSERT [Botão rígido]

Botão INÍCIO DO CICLO [Botão médio]

A porta deve fechar-se agora

Moleiro

Z-

X+

Y-

Torno

X-

Z-

Nota: Os botões Repor e Cancelar premidos em conjunto eliminam o alarme da PS100

2.2.1.1 Casa o Moinho

1. Premir o botão HOME
2. Z+ para o eixo zero.
3. Eixo X- a Zero.

4. Eixo Y+ a Zero.

2.2.1.2 Início do Torno

1. Premir o botão HOME
2. X+ até ao eixo zero.
3. Eixo Y+ a Zero.

2.2.2 Comandos de troca de ferramentas para o torno e a fresadora 21i

Os comandos de troca de ferramentas são diferentes para o torno 21i e para a fresadora 21i

2.2.2.1 Torno 21i

(Linha de comando prevista O000 MO6 T0202 ;) para a ferramenta 2

Botão MDI [Botão médio]
PROG [Hardbutton] Este botão ACTUALIZA-SE quando em MDI
Modo /JOG
M [Botão duro]
0 [Botão de pressão].
6 [Botão de pressão].
INSERIR Botão [Botão rígido]
T [Hardbutton]
2 [Botão de pressão]
2 [Botão de pressão]
0 [Botão de pressão].
2 [Botão de pressão]
INSERIR Botão [Botão rígido]
Botão EOB [Hardbutton]
INSERIR Botão [Botão rígido]
Botão INÍCIO DO CICLO [Botão médio]

2.2.2.2 Moleiro 21i

(Linha de comando prevista O000 MO6 T2 ;) para a ferramenta 2

Botão MDI [Botão médio]
PROG [Botão rígido] Este botão TOGGLES quando no modo MDI / JOG
M [Botão duro]
0 [Botão de pressão].
6 [Botão de pressão].
Botão INSERT [Botão rígido]
T [Hardbutton]
2 [Botão de pressão]
Botão INSERT [Botão rígido]
Botão EOB [Hardbutton]
Botão INSERT [Botão rígido]
Botão INÍCIO DO CICLO [Botão médio]

2.2.3 Regulação da velocidade do controlador Fanuc

(Linha de comando prevista O000 S1000;)para 1000 RPM

Por exemplo
Botão MDI [Botão médio]
PROG [Botão rígido] Este botão TOGGLES quando no modo MDI /JOG
S [Botão rígido]
0 [Botão rígido]
0 [Botão de pressão].
0 [Botão de pressão].
0 [Botão de pressão].
INSERIR Botão [Botão rígido]
Botão EOB [Hardbutton]
INSERIR Botão [Botão rígido]
Botão INÍCIO DO CICLO [Botão médio]
Premir o botão SPINDLE CW ou o botão SPINDLE CCW fará com que o spindle comece a funcionar.

2.2.4 Descarregar programas para os Controladores 21i

Para fazer o down load de um ficheiro FNC para o controlador Fanuc 21i, é necessário que o LSK apareça a piscar no ecrã. No painel de controlo, siga os seguintes passos

1. Prima o botão EDITAR (Difícil).
2. Prima o botão PROG (Difícil).
3. Prima o botão (suave) PRGRM.
4. Prima o botão (suave) OPRT.
5. Prima o botão de seta para a direita (suave).
6. Prima o botão READ (suave).
7. Botão PUNCH (suave) para retirar o programa do controlador.
8. Prima o botão EXEC (suave). LSK deve agora estar a piscar no ecrã.

2.2.5 Compensação do comprimento da ferramenta

No arranque inicial do controlador, a máquina estará a funcionar em modo absoluto, visualizado a partir do ecrã [POS]. Colocar o tarugo sobre a mesa da máquina.

O processo de fixação da ferramenta pode ser efectuado através de vários métodos diferentes. Um desses métodos é apresentado de seguida:

2.2.5.1 Memorizar o ponto de referência (home) da máquina e mudar para a ferramenta de referência

Memorizar o ponto de referência da máquina em modo MDI, mudar as ferramentas em modo MDI. A ferramenta de referência será designada por ferramenta número 1.

Apagar os valores de correção da ferramenta (desvio) registados.

Para limpar quaisquer valores presentes no ficheiro de desvios, premir a tecla [OFFSET SETTING] no painel de dados da FANUC. A partir do menu apresentado na base do ecrã, premir a Softkey: [DESLOCAMENTOS], seguida da Softkey [OPRT]. Utilize a Softkey [SETA PARA A DIREITA] para alternar entre as opções e prima a Softkey [LIMPAR], seguida da Softkey [TODOS]. Deste modo, são anulados todos os valores registados na tabela de desvios.

2.2.5.2 Procedimento de ajuste da ferramenta G92

Verifique se a máquina está a funcionar no modo jog. A tecla [JOG] no painel principal do operador Fanuc ficará iluminada. Utilizar as teclas [AXES] no painel principal do operador FANUC para conduzir a ferramenta de referência para uma posição conhecida no tarugo. Para um movimento rápido, premir a tecla [TRVRS] ao mesmo tempo que uma das teclas [AXES].

Para ajustes precisos, mudar para o modo de volante manual premindo a tecla [MPG] no painel principal do operador da FANUC. Prima a tecla de direção [EIXO] adequada antes de rodar o volante manual. Ajuste a taxa de movimento utilizando as teclas [SPEED/MULTIPLY] no painel principal do operador da FANUC. Para definir a posição da ferramenta de referência para "zero", prima a tecla [POS] no painel de dados da FANUC. Note que as coordenadas são lidas como valores absolutos. Premir a tecla de função: [RELATIVO], tecla de função:[OPRT], tecla de função:[ORIGEM], tecla de função; [TODOS] - isto irá definir os valores X, Y, Z para todos lerem 0. Note que as coordenadas são agora lidas como valores Relativos.

2.2.5.3 Introduzir valores de compensação da ferramenta (desvio)

1. Depois de configurar o comando G92, a ferramenta de referência deslocar-se-á para X0 Y0 Z0 (ou seja, ponto de referência do componente) se lhe for dado o comando:
2. G00 X0 Y0 Z0
3. Se for dado o mesmo comando à ferramenta número 2, esta deslocar-se-á para X0 Y0 Z?
4. O valor? é igual à diferença de comprimento entre a ferramenta de referência e a ferramenta número 2. Esta discrepância pode ser compensada através de um desvio do comprimento da ferramenta associado à ferramenta número 2. Neste caso, um valor de? será guardado no ficheiro de desvio da ferramenta. O ficheiro de desvio de ferramenta pode ser endereçado e modificado pelo operador da máquina.
5. Qualquer movimento solicitado por uma ferramenta é modificado pelo valor do desvio da ferramenta que se encontra atualmente em ficheiro para essa ferramenta, ou seja, 0 (zero) para a ferramenta de referência, +? para a segunda ferramenta.
6. Mudar para a ferramenta número 2 utilizando o modo MDI, tal como descrito no capítulo.
7. Colocar a ferramenta número 2 numa posição conhecida (isto é, o ponto de referência do componente) no boleto.
8. Prima a tecla [OFFSET SETTING] no painel de dados FANUC, [CURSOR] para o número de desvio T02 e introduza o valor da coordenada Z relativa apresentado na linha de edição, incluindo quaisquer sinais (+/-). Premir a softkey [ENTRADA] para registar este valor na tabela de desvios da ferramenta.
9. Repetir o procedimento para todas as ferramentas utilizadas no programa.

CAPÍTULO 3 - ENGENHARIA PROFISSIONAL (CAD/CAM)

O Creo Elements/Pro, um produto anteriormente conhecido como Pro/ENGINEER, é uma solução paramétrica e integrada de CAD/CAM/CAE 3D criada pela Parametric Technology Corporation (PTC). O Pro/ENGINEER foi o primeiro software de modelação CAD/CAM/CAE 3D com restrições baseadas em regras e com modelação de sólidos associativa paramétrica e baseada em caraterísticas. Esta aplicação utiliza parâmetros, dimensões, caraterísticas e relações para captar o comportamento pretendido do produto e criar uma receita que permite a automatização do design e a otimização dos processos de design e desenvolvimento de produtos.

Esta abordagem de conceção poderosa e rica é utilizada por empresas cuja estratégia de produto é baseada em famílias ou orientada para plataformas, em que uma estratégia de conceção prescritiva é fundamental para o êxito do processo de conceção, integrando restrições e relações de engenharia para otimizar rapidamente a conceção, ou em que a geometria resultante pode ser complexa ou baseada em equações. O Pro/ENGINEER fornece um conjunto completo de capacidades de conceção, análise e fabrico numa única plataforma integral e escalável. A aplicação fornece modelação sólida, modelação e desenho de conjuntos, análise de elementos finitos e funcionalidade NC e de ferramentas para engenheiros mecânicos, projectistas e fabricantes.

3.1 Sequências NC de fresagem e de torno

O módulo de fabrico Pro/E é utilizado para gerar uma sequência NC que é depois descarregada para uma máquina CNC para produzir peças.

Seguem-se alguns tipos de sequência NC de fresagem:

1. Fresagem por volume: Fresagem fatia a fatia utilizada para remover material de um volume específico.
2. Fresagem de superfícies: Fresagem de superfícies horizontais ou inclinadas.
3. Fresagem de faceamento: Faceamento da peça de trabalho para baixo.
4. Fresagem de perfis: Fresagem de superfícies verticais ou inclinadas.
5. Fresagem de bolsos: Fresagem de superfícies horizontais, verticais ou inclinadas. As paredes do bolsão serão fresadas como no perfilamento, o fundo como as superfícies inferiores na fresagem de volume.
6. Fresagem por trajetória: Fresagem com a ferramenta a deslocar-se ao longo de uma trajetória especificada.
7. Furação: Furar, escarear, roscar.

8. Mergulho: Fresagem em desbaste de cavidades profundas através de uma série de mergulhos sobrepostos no material, utilizando uma ferramenta de fundo plano.

9. Fio: Fresagem helicoidal.

3.2 Criação de um modelo de fabrico

Este tutorial apresenta os passos básicos da configuração de um modelo de fabrico no Pro/Manufacturing. Isto envolve a criação das geometrias sólidas da peça e da peça de trabalho necessárias, pontos de referência e sistemas de coordenadas. Não são dadas instruções sobre a modelação 3-D neste tutorial.

1. No Pro/ENGINEER, crie um novo objeto, um ficheiro de peça. Crie e guarde o modelo sólido da peça a ser maquinada.
2. Crie um novo objeto, um ficheiro de fabrico, a partir do menu Pro/E File e monte a peça neste ficheiro, criando uma peça de trabalho à volta da peça.
3. Criar um sistema de coordenadas na peça de trabalho, que será utilizado como referência de origem da máquina NC.
4. Criar pontos de referência para as referências De/Para casa.
5. Configurar e nomear uma operação de maquinagem.
6. Selecionar ou definir a própria máquina-ferramenta (Workcell).
7. Definir uma configuração de máquina-ferramenta, incluindo a definição de quaisquer novas ferramentas necessárias.
8. Selecionar o sistema de coordenadas de referência da origem da máquina em relação à peça.
9. Preparar o plano de retração.

10.Selecionar os pontos de referência para os pontos de partida/chegada.

11 O utilizador define o tipo de sequência, por exemplo, volume ou perfil.

12 Selecionar a ferramenta a utilizar para a sequência.

13 A geometria que controla a trajetória da ferramenta está selecionada.

14 A sequência é reproduzida, verificada e guardada.

15 Produzir dados relevantes para o comando da máquina-ferramenta.

16 . Transferir os ficheiros pós-processados para descarregar para a máquina.

3.3 Exemplos

Os exemplos seguintes demonstram os passos acima referidos.

3.3.1 A fresagem de perfis

Utilizando o Pro/ENGINEER, em **File > Set Working Diretory (Ficheiro > Definir**

diretório de trabalho), crie um novo diretório com o nome de **manufacture profile (perfil de fabrico)**. Este será o diretório de trabalho para o Pro/Manufacturing. Todos os ficheiros serão guardados aqui.

Para criar a peça (**ncplate_part**) a ser maquinada com o dimensionamento é mostrada na Figura 3.1. Crie um novo objeto de fabrico no Pro/ENGINEER, aparecerá uma janela, selecione Manufacturing no tipo e NC Assembly no subtipo na janela e introduza o nome, **ncplate_manu**. Em seguida, a peça do modelo de referência (**ncplate_part**) é carregada e montada utilizando o **Menu Manager**, como mostra a figura. Este é o método de referência para criar a peça de trabalho. A peça é um modelo sólido da matéria-prima a partir da qual a peça vai ser maquinada. A peça de trabalho também pode ser criada em tempo real. A peça de trabalho para este exemplo será um bloco retangular, com a mesma espessura que a **peça ncplate_part** com uma borda de 20mm de material à volta do exterior.

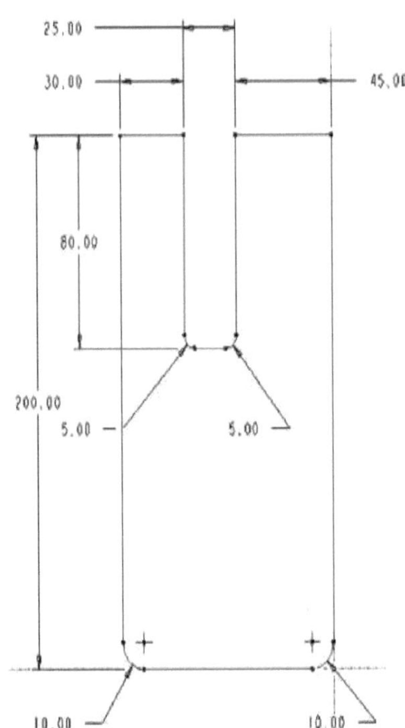

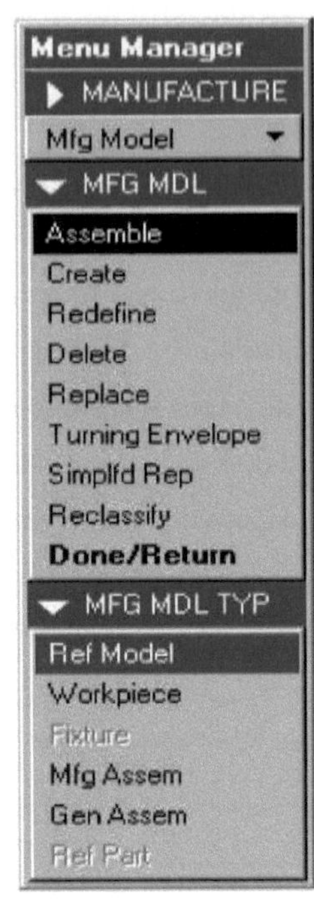

Figura 3.1 Gestor de menus

Em seguida, crie uma saliência sólida. Para criar uma saliência sólida, selecione: sólido→ saliência→ Extrusão→ Sólido→ Concluído. Ver Figura 3.2.

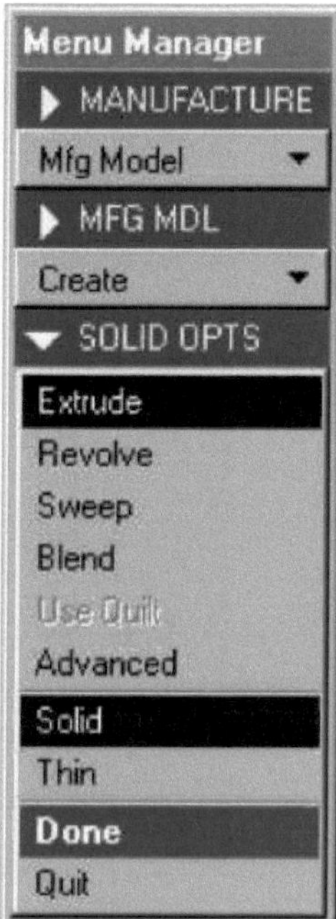

Figura 3.2 Seleção a partir do gestor de menus

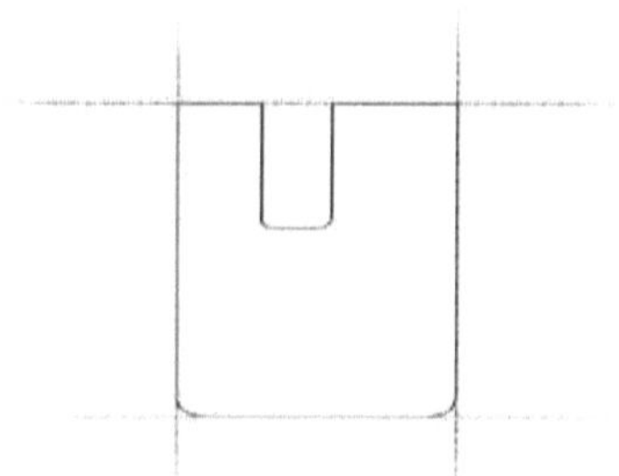

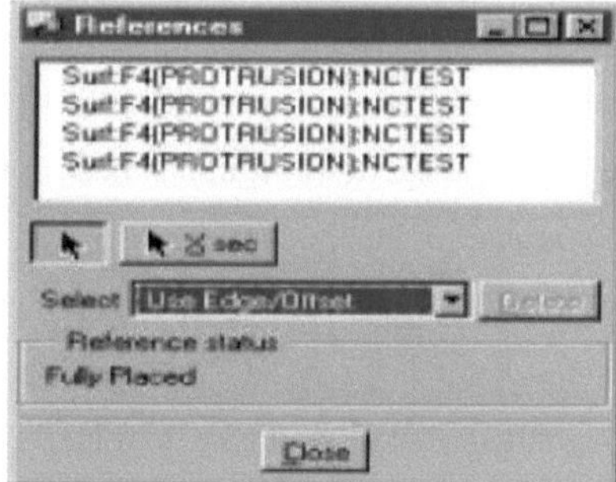

Figura 3.3 Criar referências

Agora aparece uma janela de sketcher sem quaisquer referências de sketching. O ecrã da janela de referências está vazio. Agora, clique nas superfícies de perímetro da **peça ncplate_part** para definir quatro referências de esboço, conforme ilustrado na figura 3.3.

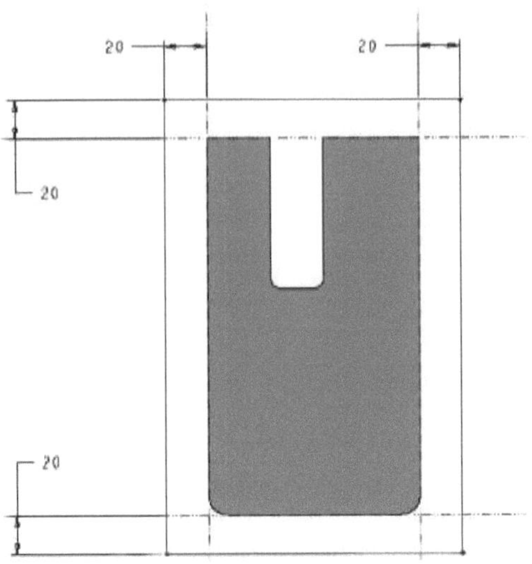

Figura 3.4 Esboço de retângulo com dimensões

Prima o botão da roda do rato para continuar. Faça a Extrusão Cega com uma profundidade de 10 mm. Complete a caraterística. Agora a peça de trabalho foi criada. O diretório de trabalho contém agora os seguintes ficheiros: ncplate_part.prt ncplate_wp.prt ncplate_manu.asm ncplate_manu.mfg

Chegou o momento de definir todo o ambiente da máquina, o tipo de máquina (fresadora, torno, etc.) a utilizar, a gama e a especificação das ferramentas disponíveis para a máquina, as suas velocidades de avanço e de rotação, etc. e todas as referências geométricas do modelo, o tipo de maquinagem, por exemplo, perfil ou volume e a seleção da ferramenta de corte a utilizar.

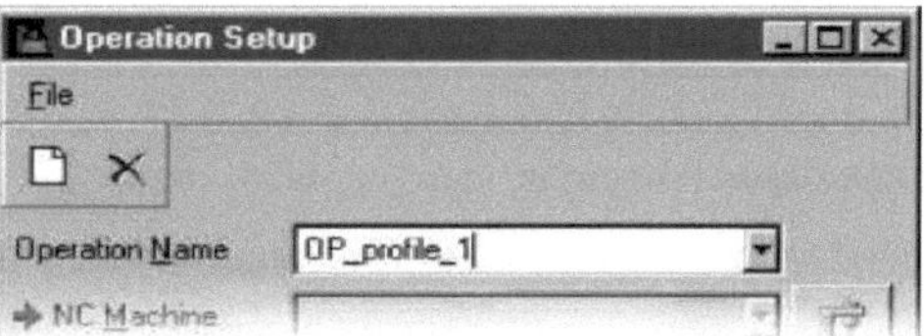

Figura 3.5 Configuração da operação

Para configurar a máquina com o Pro/MANUFACTURE, selecione Menu Manager→ Mfg Setup→ Operation. É apresentada uma janela de configuração da operação, como mostra a figura 3.5. Introduza o nome da operação.

Para configurar a máquina-ferramenta, clique no botão **Máquina NC** na janela de configuração da operação. A janela **Configuração da máquina-ferramenta** aparece como mostrado

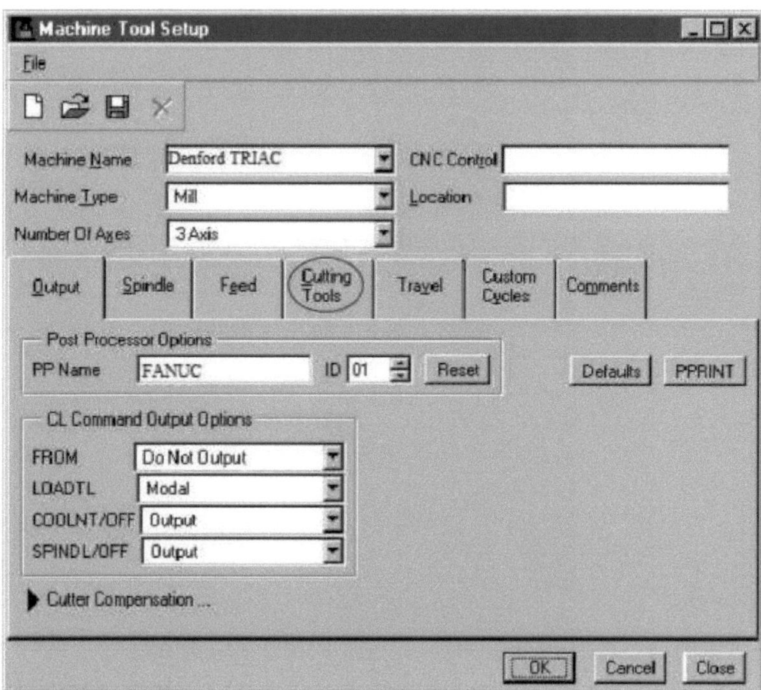

Figura 3.6 Configuração da máquina-ferramenta

Clicar no separador **Ferramentas de corte**, este separador permite configurar as ferramentas de corte disponíveis para a máquina. Clique no botão indicado na figura abaixo para configurar uma nova ferramenta, o que abre a janela **Configuração das ferramentas**.

Figura 3.7 Janelas das ferramentas de corte

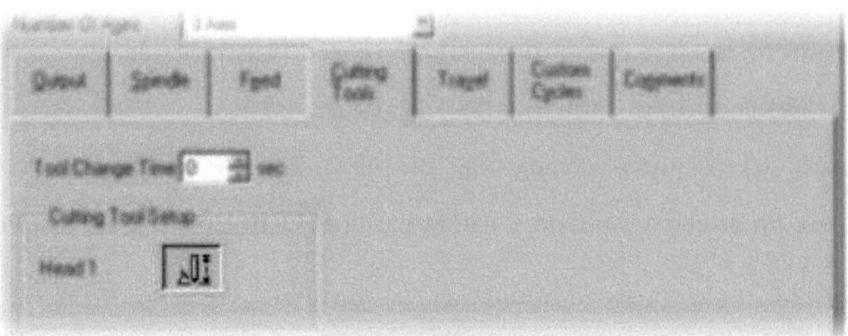

Figura 3.8 Configuração de ferramentas

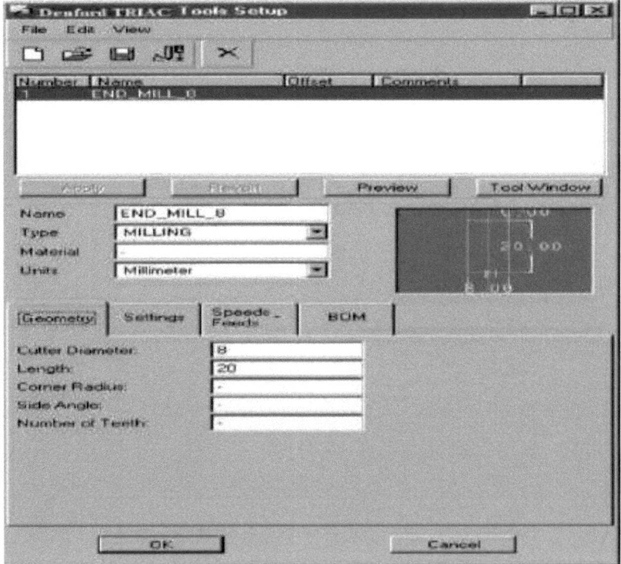

Isto permite-nos definir novas ferramentas. O diâmetro da ferramenta, o comprimento, o nome da ferramenta, o tipo, tudo pode ser definido aqui em relação às ferramentas, como mostra a figura 3.8. Agora o diretório de trabalho também contém o ficheiro de parâmetros da ferramenta. Depois clique em **OK** na janela **Configuração de Ferramentas** e depois na janela **Configuração de Máquinas-Ferramenta** para continuar.

É essencial para a maquinagem CNC que os sistemas de coordenadas, incluindo as direcções positivas e negativas, sejam conhecidos e compreendidos, a base da máquina, a posição inicial da ferramenta "Home", a posição "From" da ferramenta, a partir da qual se inicia a sequência de corte, as posições dos pontos de referência na peça de trabalho e na peça.

Agora, para definir um sistema de coordenadas a ser utilizado como referência de origem da máquina, clique no botão de seleção Zero Máquina, como mostra a figura 3.9.

Figura 3.9 Configuração de funcionamento do Triac

De seguida, oriente os eixos X e Y ao longo das arestas superiores. Altere a orientação dos eixos clicando no botão de inversão.

Agora, para definir o plano de retração, clique no botão Configurar retração na janela de configuração da operação, aparece a janela Seleção de retração, Figura 3.10. De seguida, clique em **Along Z Axis (Ao longo do eixo Z)** e introduza a profundidade Z de **30** e clique em **OK**. Isto cria efetivamente um novo plano de referência normal à superfície e 30 mm ao longo do eixo Z.

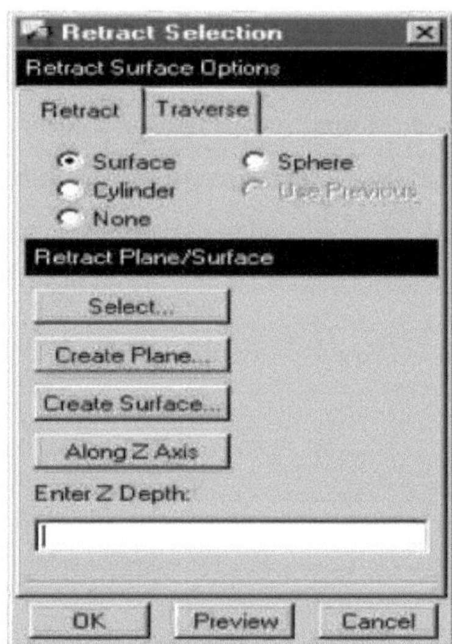

Figura 3.10 Seleção do retractor

A máquina necessita de um ponto, relativo ao Zero Máquina, para deslocar o cortador quando inicia a operação, e um ponto para onde deslocar o cortador quando termina a operação. Estes pontos são definidos na janela Configuração da Operação, no separador DE/HOME. Em seguida, clique no botão Ponto DE. Depois clique em **Offset Csys** no Menu Manager e depois clique no sistema de coordenadas no ecrã e clique em **Cartesian** e **Enter Points**. Agora, na janela de mensagem, introduza os valores X, Y e Z para o ponto: X - 150

Y - 150

Z - 150

Em seguida, clique no visto ou em Return, quando lhe for pedido novamente o desvio X, para continuar.
Por fim, clique em **Concluído** para criar o ponto.

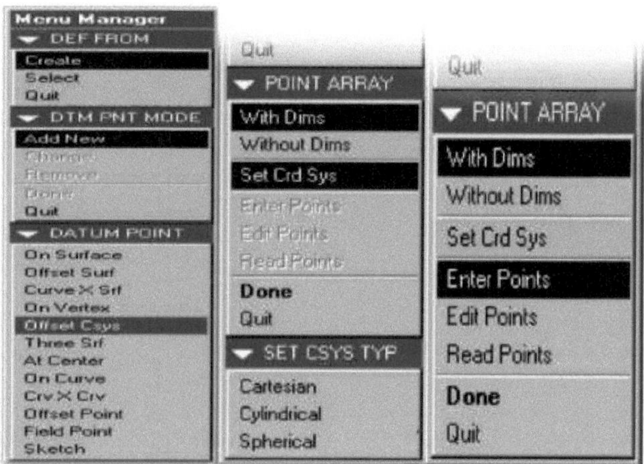

Fig 3.11 Introdução de pontos no gestor de menus

Clique no botão Selecionar ou criar ponto inicial e selecione o ponto FROM que acabou de ser criado. Clique em **Ok** na janela **Configuração da operação** para aplicar as alterações à operação e continuar.

Agora é o momento de desenvolver o processo de maquinação real, uma sequência NC. Isto implica especificar os vários parâmetros de fabrico ainda não definidos, tais como taxas de avanço e velocidades do fuso, e a geometria da peça utilizada para definir um percurso da ferramenta. A partir do Menu Manager

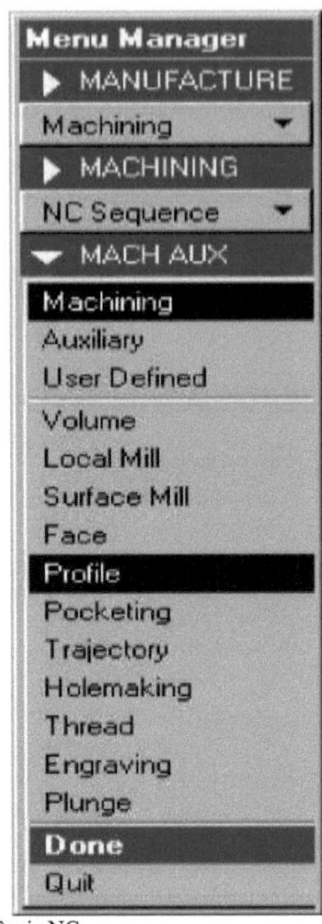

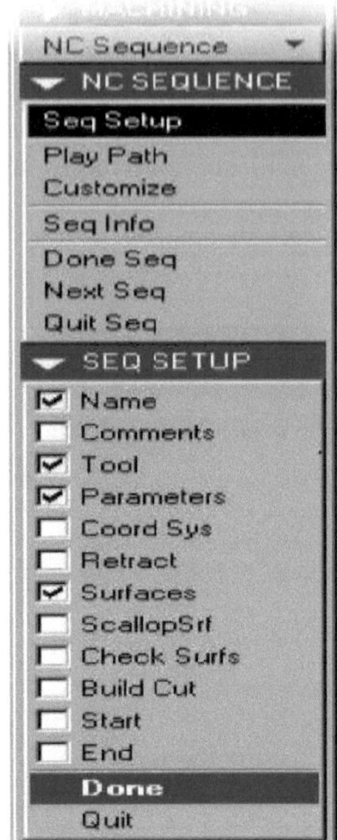

3.12 Criar sequência NC

Para selecionar a fresa de topo de 8mm, como definido anteriormente, basta clicar em **OK** na janela **de configuração da ferramenta** que aparece automaticamente. Na janela de mensagem, introduza o nome **plate_seq_1.**

Agora, para definir os parâmetros de fabrico, vá ao Menu Manager e clique em Fabrico→ Maquinação→ Sequência NC→ Configuração da sequência→ Parâmetros MFG→ Definir. Isto fará aparecer a janela **Árvore de Parâmetros**. Ver Figura 3.13.

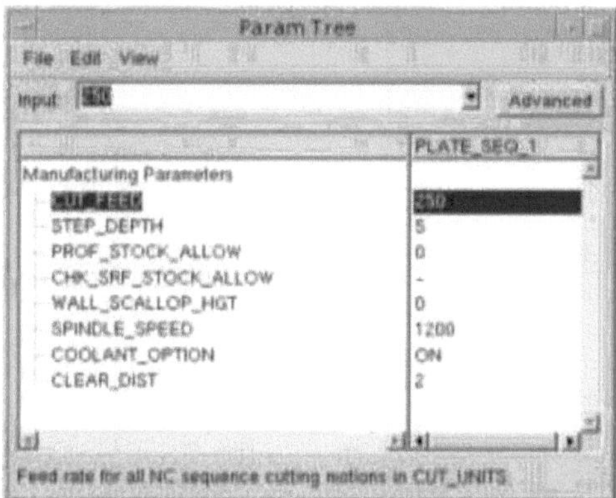

Figura 3.13 Árvore de parâmetros

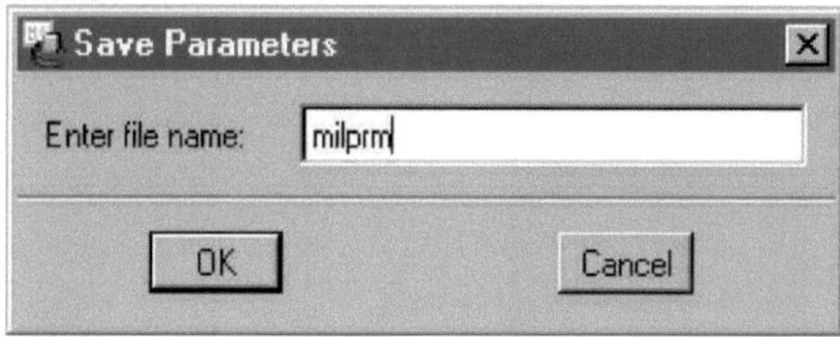

Figura 3.14 Guardar parâmetros

Isto permite introduzir todos os valores dos parâmetros de maquinagem, ou variáveis, para esta sequência específica. Introduza os valores como mostrado na figura. Para guardar estes parâmetros, utilize **File→ Save...** e utilize o nome **milprm** predefinido, tal como apresentado na janela **Save Parameters**. Clique em **OK** para guardar e em **Done** no Menu Manager para continuar. O ficheiro de parâmetros **(milprm.mil)** está agora guardado no diretório de trabalho.

Agora, para especificar qual a geometria do modelo a utilizar para controlar a trajetória da ferramenta de fresagem, é escolhida uma superfície do modelo para definir um loop à volta do qual a ferramenta de fresagem seguirá. A partir do Menu Manager:

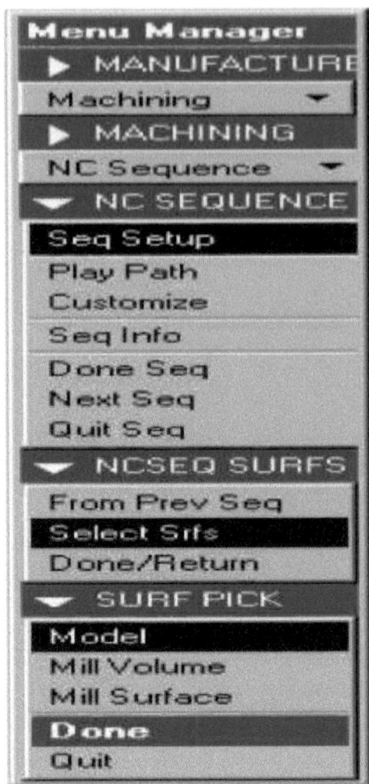

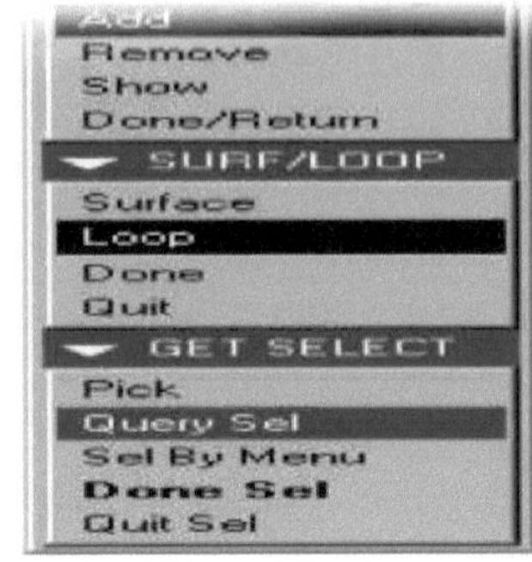

Figura 3.15 Gestor de menus

Para concluir a seleção e a definição da via, clique em: Concluído Sel→ Concluído→ Concluído/Retorno.

Agora que o perfil e as instruções de maquinagem associadas foram definidos, para reproduzir a trajetória da ferramenta para verificar rapidamente o perfil da linha central da ferramenta. No Menu Manager:

Aparece a janela **Reproduzir percurso**. Reproduzir a sequência e **Fechar**. Para guardar esta sequência, não se esqueça de clicar em: **Seq. concluída.**

3.3.2 A moagem volumétrica

3.3.2.1 Produzir o modelo da peça

Criar um bloco retangular de 4" x 8" x 1,5", como mostra a Figura 3.16.

Figura 3.16 Criar um retângulo

Criar letras "CAD" de 2" x 6" x 0,5" no topo do bloco

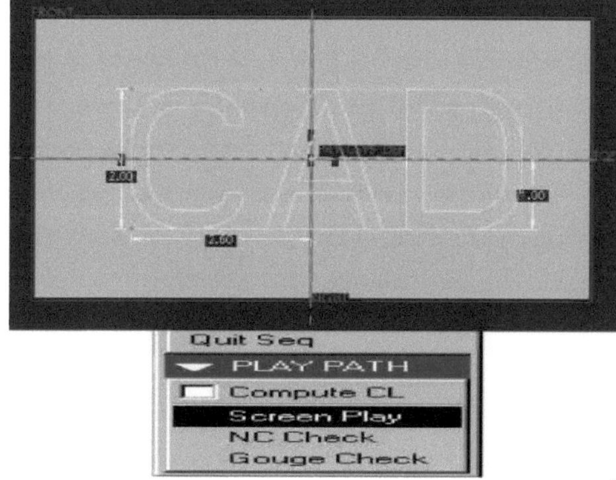

Figura 3.17 Escrita CAD

Guarde a peça e dê-lhe o nome de **CAD.prt**.

3.3.2.2 Criar a peça de trabalho

Abra um novo projeto de fabrico e chame-lhe **mfgCAD** e crie uma peça de trabalho utilizando os passos explicados anteriormente com as dimensões 4" x 8" x 2,25". Guarde-a com o nome **wpcad**. A peça de trabalho terá o aspeto mostrado na figura 3.18.

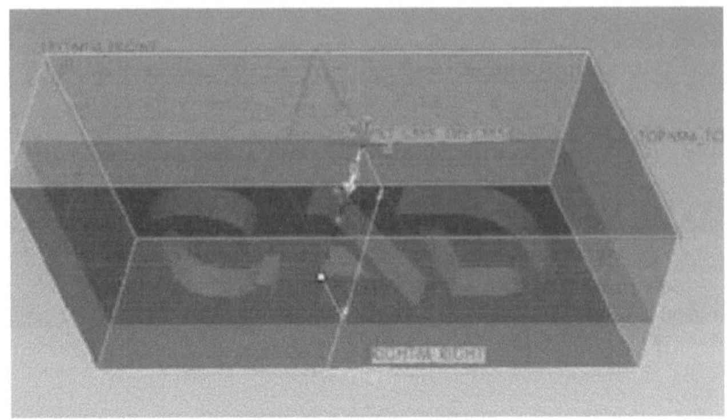

Figura 3.18 Modelo de fabrico

3.3.2.3 Configuração da operação de maquinagem

A preparação consiste em definir o tipo de máquina a utilizar. Também requer a definição de um sistema de coordenadas, caso ainda não exista, e um plano de retração para a ferramenta de corte. O sistema de coordenadas deve corresponder à orientação da fresa e ao zero da peça. Inserir→ Ponto de referência do modelo→ Sistema de coordenadas. A janela do sistema de coordenadas aparece automaticamente. Escolher 3 planos de referência como mostrado na Figura 3.24 (Clicar em dois planos laterais e no plano superior mantendo premida a tecla Ctrl) para colocar o sistema de coordenadas. Orientar os eixos X e Y ao longo das arestas superiores clicando no botão Inverter no separador Orientação. Dê-lhe o nome de **ACS0**.

Definir agora a máquina como anteriormente.

Nome da máquina: Denford TRIAC

Tipo de máquina: Moinho

Número de eixos: 3

Controlo CNC: FANUCThen define o zero da máquina e o plano de retração com um valor de .5.

3.3.2.4 Criar volume do moinho

A configuração consiste em definir o tipo de ferramenta a utilizar e os parâmetros de maquinagem (tamanho das ferramentas, velocidade de corte, etc.), e especificar o volume de material a remover.

Maquinação → Sequência NC → Volume → 3 eixos → Concluído.

Aparece a janela SEQ SETUP. Certifique-se de que **o nome, a ferramenta, os parâmetros** e **o volume** estão selecionados e, em seguida, escolha DONE (Concluído). Ver Figura 3.19.

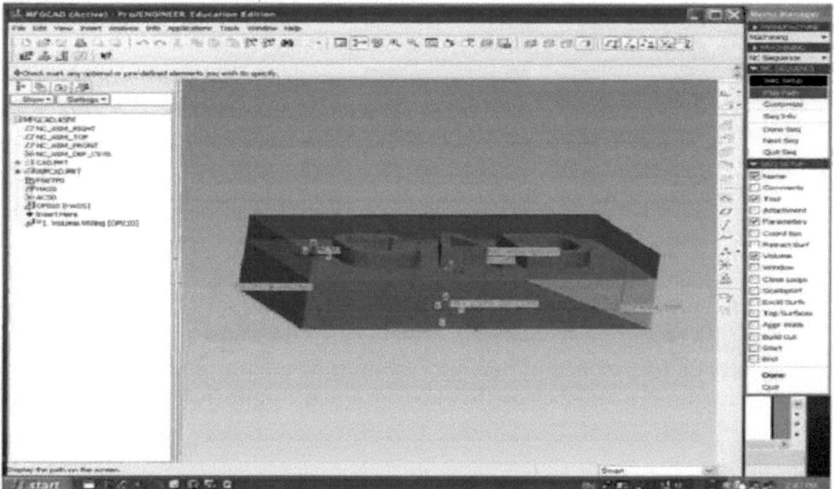

Figura 3.19 Configuração da sequência

Introduzir o nome da sequência NC, **Volcut** e guardar. Aparece a janela de configuração das ferramentas.

Introduzir os valores da ferramenta diâmetro da fresa 0,25" , comprimento 4" e aplicar OK.

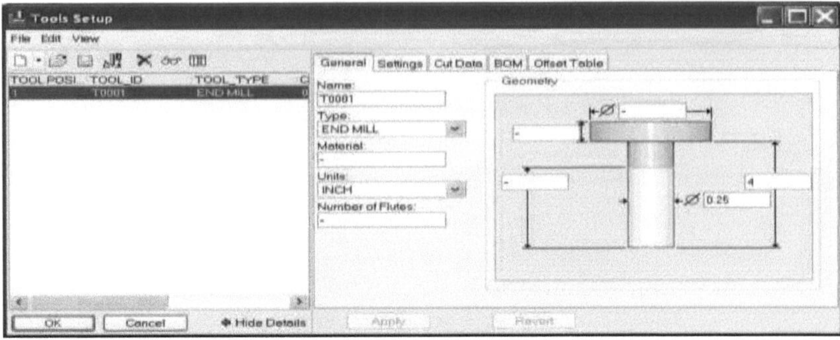

Figura 3.20 Configuração da ferramenta

Aparece a janela Editar parâmetros. Introduza ou altere os valores como indicado em Figura 3.21. Ficheiro→ guardar como ficheiro com o nome" **milprmVol**" → clique em OK para sair.

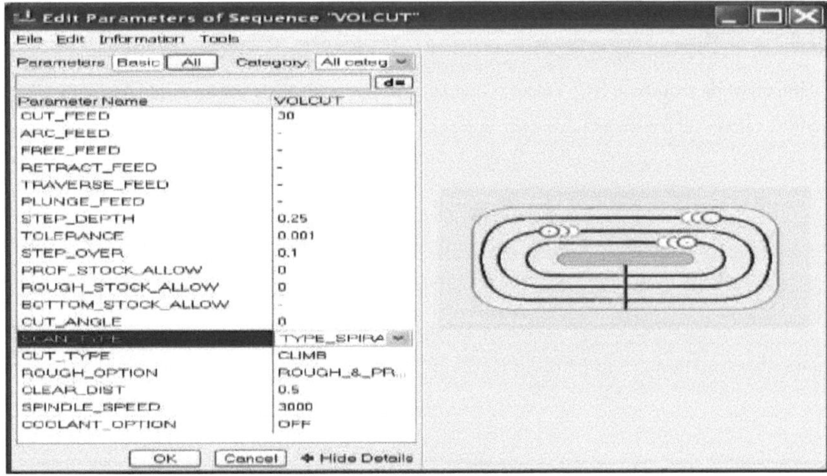

Figura 3.21 Edição de parâmetros

De seguida, crie e defina um volume para especificar o volume de material a ser removido. Esboce uma janela retangular de 4" x 8" exatamente no topo da peça de trabalho e extrude-a para 2,25" (semelhante à peça de trabalho). Esta é toda a peça de trabalho, agora para deixar o material que representa a nossa peça usamos a função trim que irá aparar a peça do volume da fresa. Para cortar, selecione **Trim** e selecione a peça a ser cortada do volume da fresa, como se mostra na Figura 3.22.

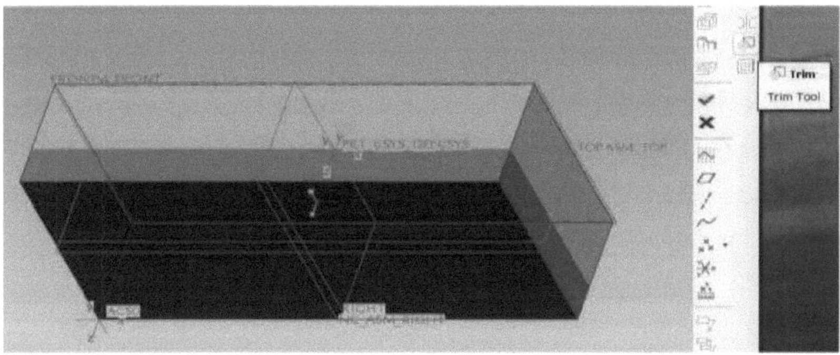

Figura 3.22 Recorte de um retângulo

Para ver o percurso da ferramenta, selecione Maquinagem→ Sequência NC→ Percurso de corte→ Verificação NC. O percurso de corte é apresentado na Figura 3.23. Agora selecione **DONE SEQ** para completar o passo

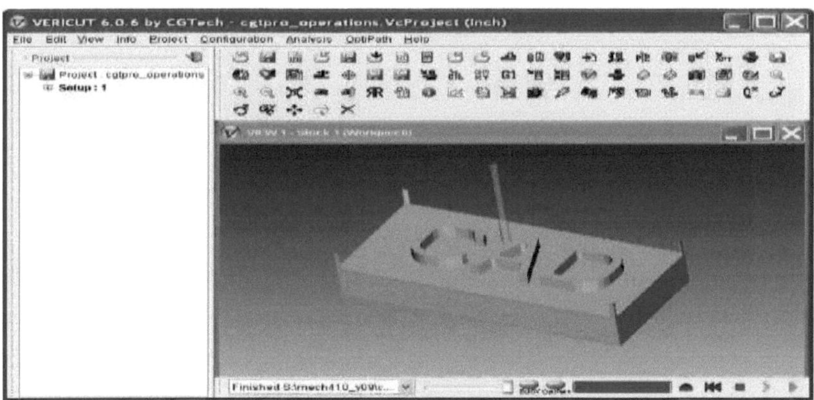

Figura 3.23 Percurso de jogo

3.3.2.5 Criar ficheiro de localização do cortador e código NC

Para criar um ficheiro de localização da fresa e um ficheiro NC a partir dele, selecione Maquinagem → Dados CL → Saída → Selecionar Caraterística → Sequência NC → volcut. PATH → FILE → Done. Introduzir o nome: volcut na janela Guardar uma cópia. O Pro/E guardará o ficheiro como volcut.ncl.1O ficheiro de localização do cortador pode ser convertido em ficheiro de código G através do pós-processador Pro/E para a fresadora CNC 21i da FANUC.

Selecionar **Post Process** no menu CL DATA. Selecione o ficheiro volcut.ncl na caixa de diálogo Abrir e selecione Abrir. No menu Opções PP, certifique-se de que as opções Verbose e Trace estão selecionadas. O pós-processamento é o ato de converter os percursos da ferramenta de um ficheiro de linguagem padrão, chamado ficheiro de localização da fresa (**.ncl), para a linguagem do nosso controlador de máquina CNC específico, ou seja, códigos

G.

Selecionar **Done** no menu PP OPTIONS e aparece uma lista de pós-processadores. Escolher a opção UNCX01.p15. É criado um ficheiro com a extensão volcut.tap, que contém o código G. Fechar a janela de informação e selecionar DONE/RETURN no menu CL DATA. Abrir o ficheiro volcut.tap para o visualizar com o WORDPAD. O ficheiro volcut.tap é apresentado a seguir:

```
%
N0005(FANUC 21i - ATC)
N0010G90G40G80
N0015T1M6
N0020S3000M3
N0025G0X6.0282Y2.025
N0030G43Z.5H1
N0035G1Z-.25F30.
N0040X1.9782
N0045Y1.975
N4815X3.989Y1.8059
N4820X4.3944
N4825X4.1917Y2.4269
N4830X3.989Y1.8059
N4835X4.1268
N4840Z.5
N4845M5
N4850M2
%
```

3.3.3 A fresagem de bolso

1. Selecionar a sequência NC no menu MAQUINAGEM. É necessário estar numa célula de trabalho Fresagem ou Fresagem/Torneamento.
2. Selecionar **o embolsamento** e o **acabamento** no menu SEQ.
3. Em seguida, selecionar as superfícies do bolso, como mostra a figura 3.24.

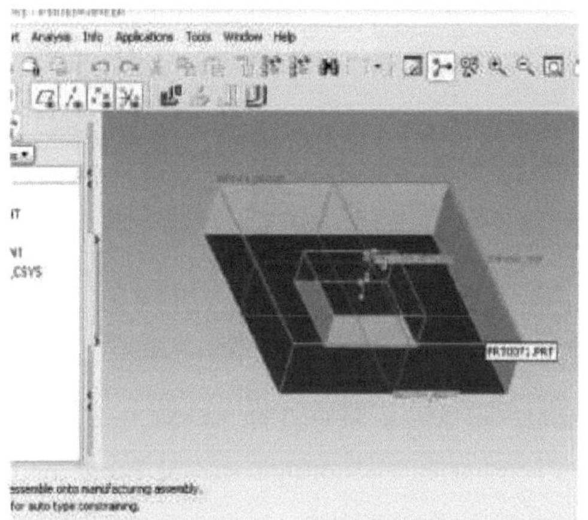

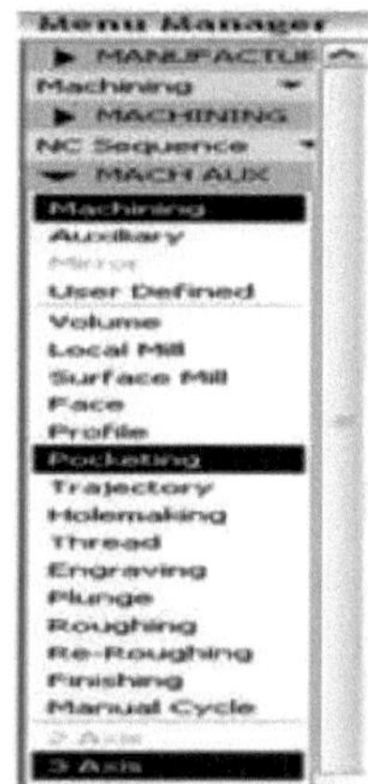

Figura 3.24 Fresagem de bolso

4. Selecione **Model (Modelo)** no menu Surface PICK (Escolha da superfície) e selecione **done (Concluído)**.

5. Selecione todas as superfícies do bolso, uma a uma, mantendo premida a tecla ctrl. Neste exemplo particular, há cinco superfícies do bolso. Depois de selecionar as superfícies, clique em DONE.

6. Selecione Reproduzir trajetória para verificar a trajetória da ferramenta gerada automaticamente pelo sistema. Se não estiver satisfeito, modifique os parâmetros.

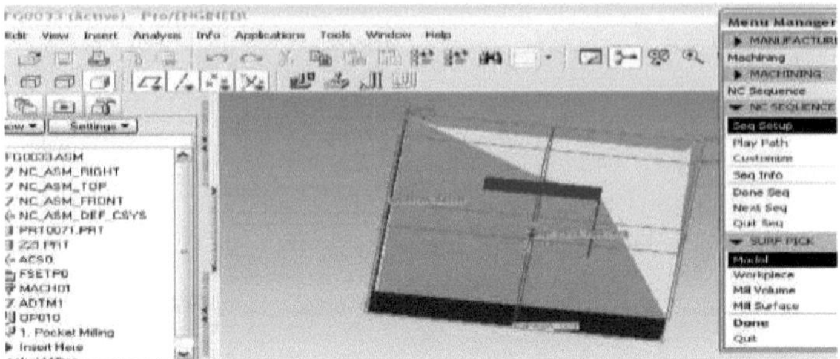

Figura 3.25 Percurso de jogo

7. Selecione **Sequência Concluída** no Menu SEQUÊNCIA NC quando terminar e execute a configuração adicional da Ferramenta e a Configuração da Sequência NC como explicado anteriormente.

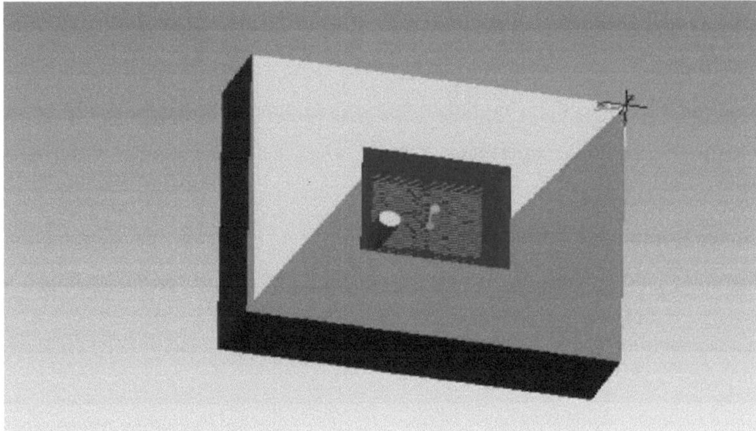
Figura 3.26 Sequência de conclusão

3.3.4 A fresagem por imersão

A fresagem por penetração é utilizada para desbastar uma peça de trabalho através de uma série de penetrações sobrepostas no material.

1. Para criar uma sequência NC de fresagem de penetração, selecione Sequência NC de penetração no menu MAQUINAGEM. É necessário estar numa célula de fresagem ou numa célula de fresagem/torneamento.

2. Em seguida, selecione as superfícies que devem ser mergulhadas, tal como explicado em Fresagem de caixa e clique em **Concluído.**

3. Selecione **Reproduzir Caminho** para verificar o caminho da ferramenta gerado automaticamente pelo sistema.

Figura 3.27 Fresagem por imersão

4. Selecionar **Sequência concluída** no menu SEQUÊNCIA NC quando terminar.

3.3.5 A fresagem de acabamento

O acabamento é uma nova sequência NC que primeiro analisa e depois aplica a estratégia de maquinação adequada de acordo com a geometria do modelo de referência. Para criar uma sequência NC de fresagem de acabamento:

1. Selecionar sequência NC no menu FABRICO e, em seguida, selecionar Acabamento e **finalização** no menu SEQ FR**ESADORA**.
2. Em SEQ SETUP, depois de introduzir os parâmetros, ser-lhe-á pedido que defina uma janela de moinho, como mostra a figura 3.28

Figura 3.28 Fresagem de acabamento

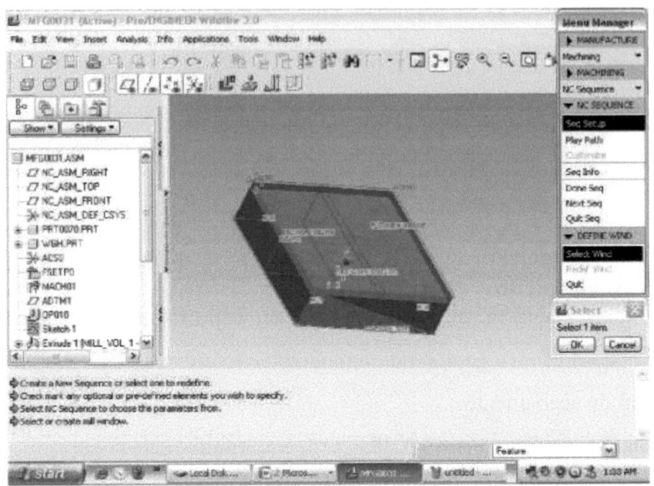

3. Clique no botão da ferramenta Janela de fresagem
4. Selecionar a superfície que se pretende acabar .
5. Selecione **Reproduzir Caminho** para verificar o caminho da ferramenta gerado automaticamente pelo sistema e, em seguida, clique em **Sequência Concluída** no menu SEQUÊNCIA NC quando terminar.

Figura 3.29 Percurso de jogo

A fresagem de trajectórias

A fresagem por trajetória é uma sequência de fresagem de 3 a 5 eixos. Permite deslocar uma ferramenta ao longo de qualquer trajetória definida pelo utilizador. Dá ao utilizador um controlo de nível muito baixo sobre a trajetória da ferramenta.

Figura 3.30 Fresagem de trajectórias

1. Defina uma sequência NC de fresagem de trajetória. Na caixa de diálogo de personalização, insira o corte automático. Aqui vamos utilizar a opção de aresta no menu de interação de trajetória.

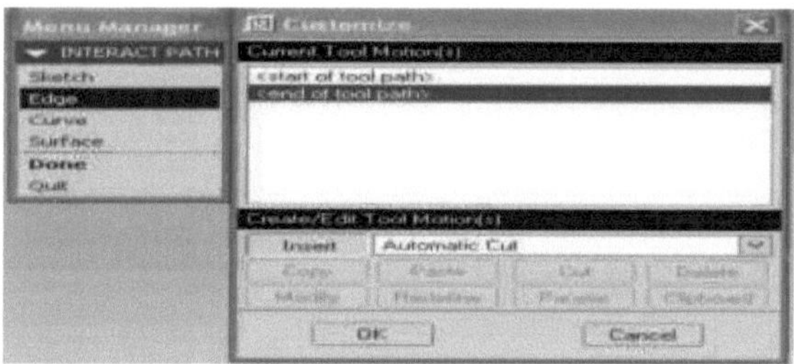

Figura 3.31 Definição da trajetória

2. Aparecerá o menu de ajuste das margens. Certifique-se de que todas as opções estão definidas de acordo com a figura abaixo. Utilizaremos a opção Ajustar, uma vez que esta ajustará a ferramenta entre as superfícies adjacentes à aresta que seleccionaremos para a ferramenta seguir.

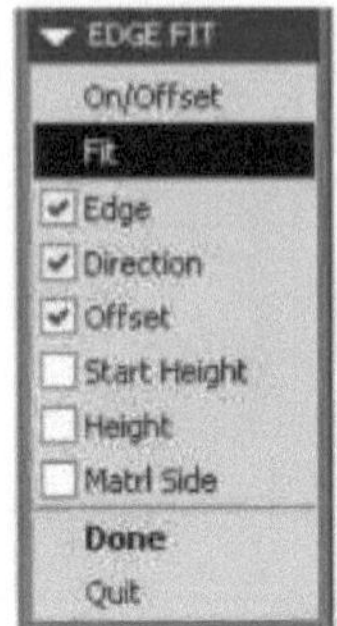

3.32 Ajuste da borda

3. Agora selecione a aresta, como mostrado abaixo, para que o cortador a siga.

Figura 3.33

4. Deslocar a ferramenta de acordo com a direção e a aresta selecionadas

Figura 3.34 Direção da ferramenta

5. Na figura abaixo, pode ver que, apesar de termos selecionado a direção da aresta e do desvio, o sistema ajustou automaticamente a ferramenta entre as superfícies do corredor.

6. Para maquinar a corrediça em várias passagens de profundidade, devemos definir dois parâmetros; um é a altura inicial no menu de ajuste de arestas e o outro é a profundidade do passo. Vamos utilizar a opção make datum para definir um plano como altura inicial. Neste caso particular, quando a corrediça se encontra numa superfície curva, devemos definir um plano que seja paralelo ao plano de retração e que passe pela aresta inferior.

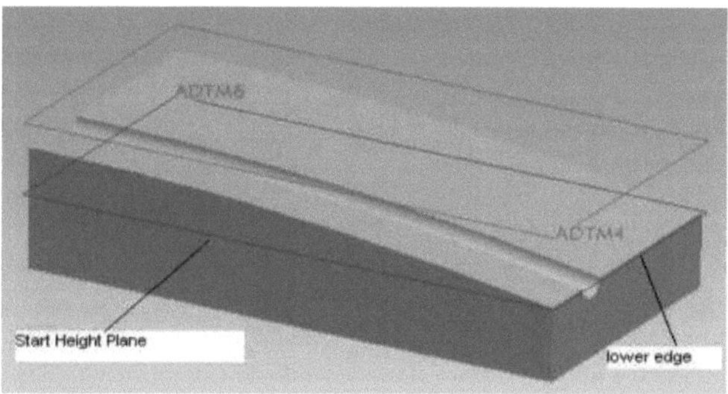

Figura 3.35 Ajustamento do desvio

7. Na figura abaixo, podemos ver que agora o corredor está a ser maquinada em várias passagens.

Figura 3.36 Maquinação em passagens

8. Para melhorar ainda mais a trajetória da ferramenta, devemos gerir a ferramenta para que entre no corredor pela lateral e não pela parte superior. Isto pode ser definido no menu INT CUT.

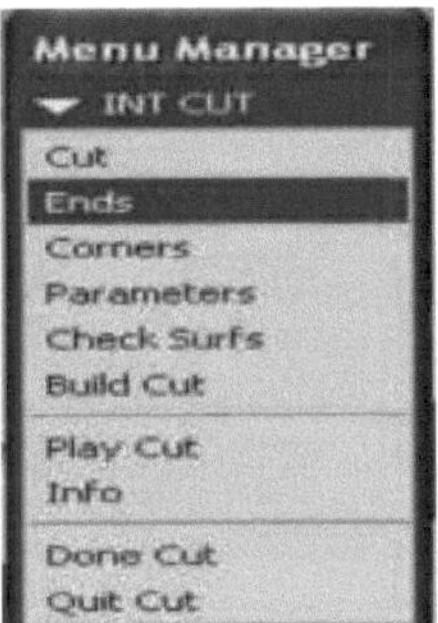

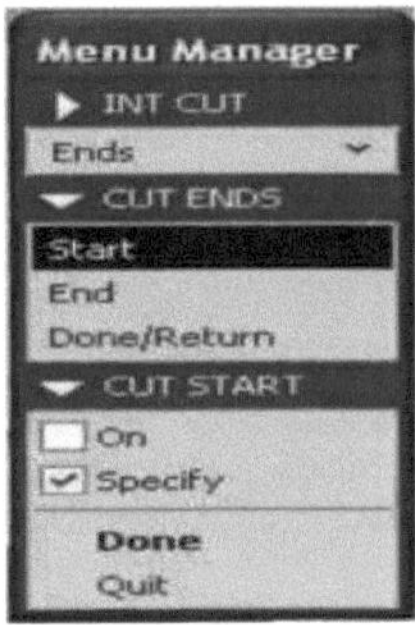

Figura 3.37 Extremidades cortadas

9. Selecione a opção especificar e especifique interactivamente um ponto no ecrã com a ajuda do clique do rato e introduza um valor adequado de Comprimento ext.

10. Da mesma forma, defina a condição final para o fim da trajetória da ferramenta. O resultado será o mostrado na figura abaixo.

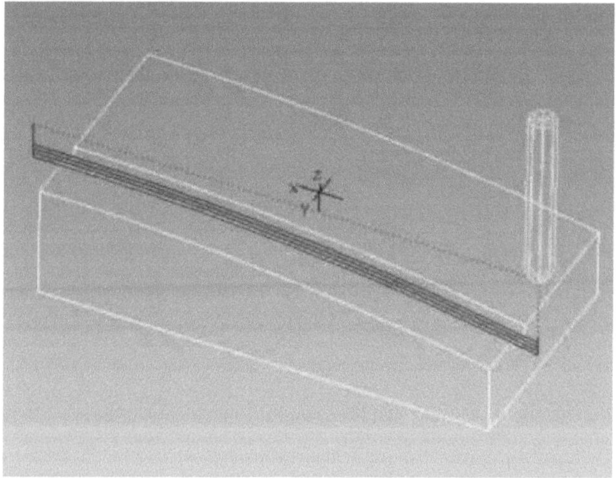

Figura 3.38 Trajetória da máquina

CAPÍTULO 4 - OPERAÇÕES CIM

4.1 Paragem de emergência

Operar o sistema CIM sempre de forma segura

1. Ligue o interrutor traseiro da caixa de paragem de emergência.
2. Certifique-se de que o botão principal de paragem de emergência está na posição OUT. (Situado no topo da caixa de paragem de emergência)
3. Rode o interrutor de chave MODE do sistema CIM para a posição SET UP (ou seja, silencia a barreira luminosa para fora da linha de paragem de emergência, permitindo o livre acesso a máquinas individuais, caso exista uma).
4. Ligue os computadores anfitrião/célula e controlador de célula.
5. Executar os programas "Interlock Manager" e "I/O Manager" em ambos os computadores.
6. Verifique se os LEDs VERMELHO de paragem de emergência e VERDE de ativação do sistema estão acesos em ambos os módulos de interface.
7. Assegurar que o fornecimento de ar comprimido a todas as máquinas está ligado a todas as máquinas associadas.

4.2 Transportador

1. Certifique-se de que a alimentação eléctrica está ligada a ambos os cabos de alimentação.
2. Certifique-se de que o botão de paragem de emergência não está ativado.
3. Ligar o isolador de alimentação eléctrica na caixa de controlo do transportador.
4. Assegurar que todas as correias transportadoras estão em movimento.

4.3 Robôs RV-2AJ (Triac Fanuc e Cyclone)

1. Familiarize-se com o manual do Robô.
2. Certifique-se de que o Robô está numa posição SEGURA, ou seja, não sobre o Transportador ou dentro de uma Máquina-Ferramenta.
3. Ligue a alimentação eléctrica do controlador do Robô (na parte de trás da caixa de controlo).
4. Rode o interrutor da chave do controlador para [AUTO](EXT)
5. Rode o interrutor da chave pendente de programação para [DISABLE]

4.4 Execução do ASRS

1. Ligar o isolador de alimentação eléctrica na caixa de controlo ASRS

2. Certificar-se de que o botão de paragem de emergência não está ativado

3. Rode o seletor "**Speed Override**" totalmente no sentido contrário ao dos ponteiros do relógio (ou seja, 0% de velocidade)

4. Executar o **ASRS.EXE**

5. Selecionar o botão CONNECT MC (Descarregar o ficheiro MINT para o ASRS)

6. Selecionar o botão CONNECT CIM (liga o ASRS ao software CIM)

7. Clique com o rato no separador **SET UP** para entrar no modo JOG.

8. Selecione o separador SETUP/JOG e desloque todos os eixos para posições seguras (Note que o **LED JOG** ficará **VERDE, ou seja, ativo**)

9. Deslocar cada eixo para uma "**Posição segura**" pronta para "**Homing**" (em direção ao lado direito do ASRS)

Nota:

Eixo "X" ^ Esquerda / Direita →   botões

Eixo "Y" ↑ Botões para cima / para baixo Φ

Botões Page Up / Page Down do eixo "Z"

10. Carregue as paletes com os respectivos biletes e certifique-se de que o bilete correto está na palete correta. O carregamento incorreto de uma palete com o bilete errado pode causar danos na máquina.

11. Verifique se todas as paletes estão corretamente carregadas no ASRS no lado 1 (Nota: o lado 1 é o lado oposto ao da caixa de controlo do ASRS, ou seja, o lado 2).

Nota: O ficheiro INVENT.DAT (no PC anfitrião/célula) (nome padrão, mas pode criar o seu próprio ficheiro .DAT) deve representar as posições das paletes no lado 1 do ASRS.

(Nota: O ficheiro .DAT deve ser visto como se estivesse a olhar para o lado 1 do ASRS a partir do lado da caixa de controlo no ASRS, ou seja, o lado 2).

12. selecionar o separador INÍCIO

13. selecionar o botão ALL (ou os botões individuais X,Y,Z)

14) Depois de todos os eixos terem sido direcionados, selecionar o separador AUTO(LINK) quando estiver pronto para funcionar no modo CIM

15. rodar o seletor "**Speed Override**" para obter uma velocidade de funcionamento razoável

4.5 Homologação de máquinas-ferramenta FANUC 21i

Certifique-se de que o interrutor de chave "Program Protect" está desligado (no sentido

dos ponteiros do relógio)

1. Prima o botão **VERDE** para entrar no software 21I em execução
2. Ao arrancar, o botão **VERDE** piscará, indicando que é necessário premi-lo novamente
3. Deslocar os eixos para **fora das** posições de ponto zero
4. Selecione o botão **JOG** e os botões de movimento dos eixos individuais, ou seja, **X-** **&** **Z-** para o **torno** e **X+**, **Y-**, **&** **Z-** para a fresadora ou, em alternativa, selecione o botão **MPG** (modo de volante) e o botão X100 e os botões dos eixos individuais, por exemplo
5. Deslocar cada eixo pelo menos 50 mm para trás da sua posição **INICIAL**

1.1.1 Orientação do Triac Fanuc

1. Premir o botão **HOME**
3. Premir o botão **X-** (Para posicionar o eixo X)
4. Premir o botão **Y+** (Para posicionar o eixo Y)
2. Premir o botão **Z+** (Para posicionar o eixo Z)

1.1.2 Orientar o ciclone

1. Premir o botão **HOME**
2. Prima o botão **X+** (para colocar o eixo X em posição inicial)
3. Prima o botão **Z+** (para colocar o eixo Z em posição inicial)

1.1.3 Procedimento para a execução do CIM

Tanto no torno como na fresa

1. Botão Selecionar **MODO AUTO**
2. Tecla de proteção do programa **OFF (Posição horizontal)**
3. Premir o botão **INÍCIO DO CICLO**
4. **A LSK faz Flash? Se sim, continue**
5. Premir o botão **PROG** para visualizar o programa quando este é descarregado

4.6 Software CIM

4.6.1 Computador HOST/CELL & CELL (Drivers de Dispositivos)

1. Executar o seguinte programa por esta ordem

GESTOR DE ENCRAVAMENTO

GESTOR DE E/S

CONVEYOR (Carregar o INVENTORY.DAT que pretende utilizar) ASRS

(Nota: Se colocar um atalho para os ficheiros .EXE dos controladores de dispositivos acima referidos na secção START UP do Windows, estes serão executados automaticamente quando o Windows arrancar).

(Nota: É necessário colocar um atalho para NETDDE.EXE nas secções START UP do Windows, para que seja executado automaticamente quando ambos os computadores arrancarem, para as comunicações entre o computador anfitrião e o computador celular).

4.6.2 Computador CELL 2 (Drivers de dispositivo)

1. Executar o seguinte programa por esta ordem

GESTOR DE ENCRAVAMENTO

LATHE

MILLER

ROBOT 1 (TORNO)

ROBOT 2 (MILLER)

GESTOR DE CÉLULA 1 (TORNO E ROBOT 1)

GESTOR DE CÉLULAS 2 (MILLER E ROBOT 2)

2. Nos controladores de dispositivos do torno e da fresadora, selecione "OPEN CHUCK" e "OPEN VICE" e, em seguida, "CLOSE CHUCK" e "CLOSE VICE", para garantir que a ligação de E/S está a funcionar

OK se o "CHUCK" e o "VICE" mudarem de "OPEN" (aberto) para "CLOSED" (fechado). Ao mudar o estado de "CHUCK" e "VICE", o estado de ACTIVIDADE nos Controladores de Dispositivos deve mudar de "BUSY" para "IDLE".

3. Nos Drivers de Dispositivos de Torno e Moleiro selecionar DOWNLOAD CNC FILE, selecionar LTEST.TAP (Torno) e MTEST.TAP (Moleiro), e depois premir o Botão ACTIVATE, estes são programas de teste que irão assegurar que as comunicações RS232 estão OK entre o Computador Celular e as Máquinas-Ferramenta. Quando os programas tiverem sido descarregados com sucesso, o botão ACTIVATE "UN GREYS".

4. Verificar em ambos os ecrãs do computador da máquina-ferramenta o programa corretamente carregado; o nome do programa é apresentado no canto superior direito do ecrã.

5. Selecionar "FECHAR GUARDA E INICIAR FABRICAÇÃO", as Máquinas-

Ferramenta devem agora executar automaticamente os seus programas de teste, o estado de ACTIVIDADE nos Controladores de Dispositivos deve mudar de "BUSY" para "IDLE" quando os programas tiverem terminado.

6. Certifique-se de que as caixas quadradas associadas ao Torno e ao Robô1 (Gestor de células 1) e à Moinho e ao Robô2 (Gestor de células 2) estão todas a VERDE (ou seja, todas ligadas); se alguma estiver a VERMELHO, deve ser investigada antes de executar o sistema CIM automaticamente.

4.6.3 Executar o SISTEMA CIM [Computador HOST / CELL 1 (Software HOST)]

Assegurar que **TODO O PESSOAL** se retirou para uma posição segura, longe do equipamento em movimento

4.6.3.1 Executar um programa predefinido

1. Abra a pasta HOST no ambiente de trabalho do computador anfitrião e selecione DISPATCHER.
2. No menu de ficheiros do Despachante, selecione ABRIR e escolha um ficheiro de Programa pré-definido.
3. Assegure-se de que todos os componentes do sistema estão ligados (selecione o ícone DOIS COMPUTADORES no Menu do Despachante e assegure-se de que tudo está "MARCADO A VERDE", exceto o ATRASO, que deve ser uma CRUZ VERMELHA).
4. No menu EXECUTAR, selecione Iniciar.
5. Aparecerá uma janela no ecrã que diz: "NÃO ESTÁ LIGADO A TODAS AS CÉLULAS. OK PARA COMEÇAR selecione SIM".
6. Fique perto do botão principal de paragem de emergência, para o caso de algo correr mal.

4.6.3.2 Para criar o seu próprio horário

1. Abra a pasta HOST no ambiente de trabalho do computador anfitrião e selecione SCHEDULER.
2. No menu ficheiro do SCHEDULER, selecione NEW e, em seguida, selecione o seu próprio SHOP FLOOR LAYOUT, por exemplo, SHEFFLD.SFL, quando lhe for pedido.
3. Aparece a caixa de diálogo ENTRADA DE ENCOMENDA.

Na coluna PARTE, introduzir as peças da lista de...

REI.RUT

QUEEN.RUT

BISPO.RUT

KNIGHT.RUT

ROOK.RUT

RUT.PAWN

Acrescente as quantidades e a prioridade necessárias e clique em OK.

4. Quando o calendário tiver sido calculado, utilize o menu Ficheiro para GUARDAR COMO um nome à sua escolha.

5. Fechar o Programador.

6. Executar o seu próprio ficheiro Schedule como um Schedule pré-definido no DISPATCHER.

4.7 Guia passo a passo para criar uma nova peça

4.7.1 Criar um PLANO DE PROCESSO

1. Introduzir o NOME da peça

2. Introduzir o nome do MATERIAL. A primeira linha do nome do material deve ser um tipo de material existente no inventário ASRS (por exemplo, KING).

3. Entram as MÁQUINAS. As máquinas só precisam de ser dispositivos reais

CODETAG

LATHE

MILLER

SISTEMA DE VISÕES

CMM

4. Para cada máquina, introduza... Um TEMPO DE CONFIGURAÇÃO (o tempo que um robô demora a carregar/descarregar o dispositivo - por exemplo, 10) Um TEMPO DE PROCESSAMENTO (o tempo que demora a processar a peça - por exemplo, 100) Um PARÂMETRO OPCIONAL - Só é necessário para o Torno, a Fresadora e a CMM, e é o nome do ficheiro SEQUENCE que o CELL MANAGER irá utilizar (por exemplo, LKING.SEQ)

5. Guardar o plano

DICAS e sugestões: -

1. Uma vez que a entrada MATERIAL é utilizada para os dados ASRS, é agora possível criar facilmente uma nova peça (por exemplo, PART1), mas informando-a de que utiliza o material KING.

2. Não é necessário especificar a estação DELAY no plano de processo. O ROUTE PLANNER sabe se é necessário e adicioná-lo-á automaticamente.

4.7.2 Criar os ficheiros de sequência

Os ficheiros de sequência são utilizados pelo Cell Manager para sequenciar uma série de comandos do equipamento nessa célula, ou seja, (Lathe & Robot1) e (Miller & Robot2). Existe agora um Editor de Ficheiros de Sequência integrado (disponível através do menu File (Ficheiro) de qualquer Cell Manager) para permitir a criação fácil de ficheiros de sequência. Em vez de criar um novo ficheiro de sequência a partir do zero, recomenda-se que se carregue um ficheiro de sequência existente, se altere o nome do ficheiro CNC e se guarde o novo ficheiro de sequência com um nome diferente.

4.7.3 Criar uma ROUTE

1. Carregar o layout da produção
2. Carregar o plano de processo
3. Clique em Rota automática
4. Ver o projeto de lei dos processos
5. Verificar se tudo está bem
6. Guardar o itinerário

4.7.4 Criar um CALENDÁRIO

1. Clique em 'Ficheiro -> Novo'
2. Escolha a sua secção de produção (por exemplo, NUST.SFL)
3. Na caixa de diálogo Calendário, clique no botão PARTE para criar uma lista de peças para o trabalho pretendido.
4. Introduza as suas quantidades
5. Introduza as suas prioridades
6. Clique em OK e é criado um horário.
7. Guardar este horário

4.7.5 Executar o DISPATCHER

1. Carregar a sua agenda
2. Clique em Ligações
3. Certifique-se de que todas as ligações necessárias estão corretas (a estação DELAY nunca é necessária e, por isso, nunca será ligada)
4. Clique em INICIAR

4.8 Criação de uma nova peça no Denford CIM

4.8.1 Software Denford CIM Host (por ordem de execução)

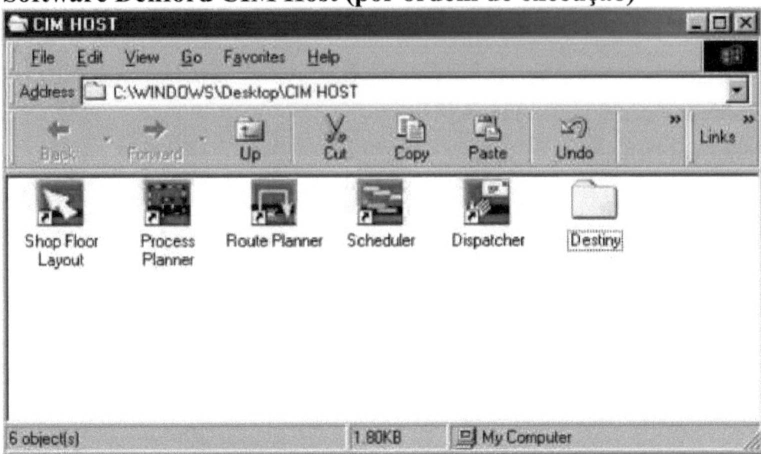

Figura. 4.1 Anfitrião da CIM

4.8.2 Configuração do chão de fábrica

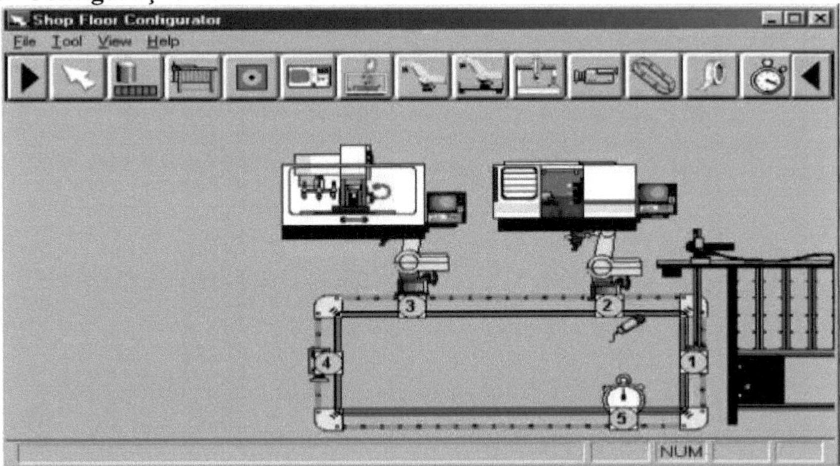

Figura 4.2 Planta da loja

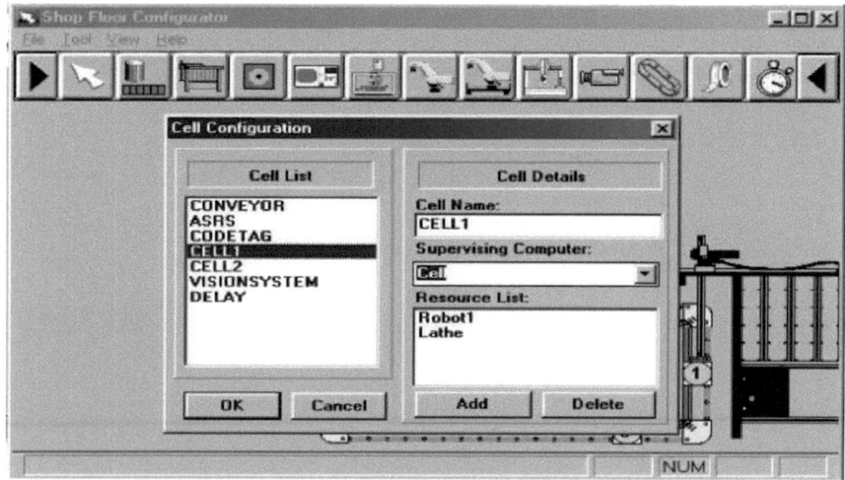

Figura 4.3 Alcance do robô

4.8.4 Alcance do robô

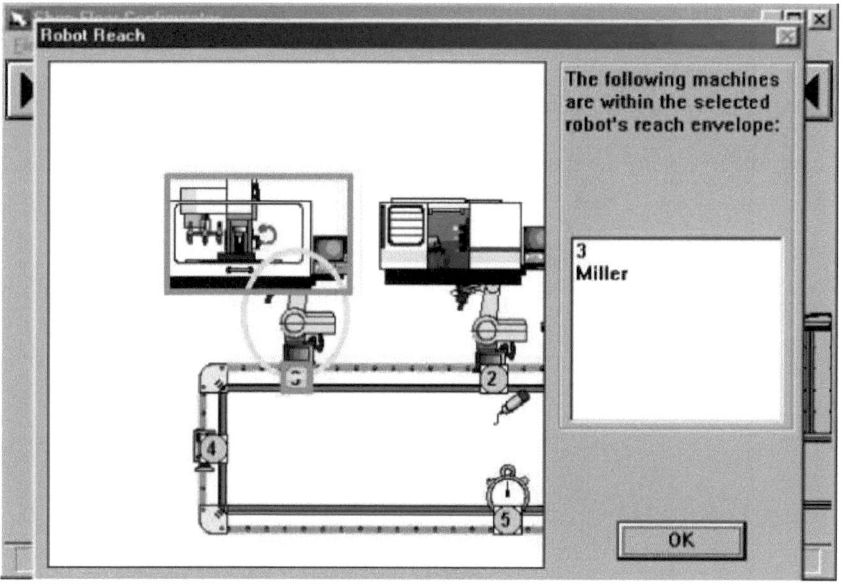

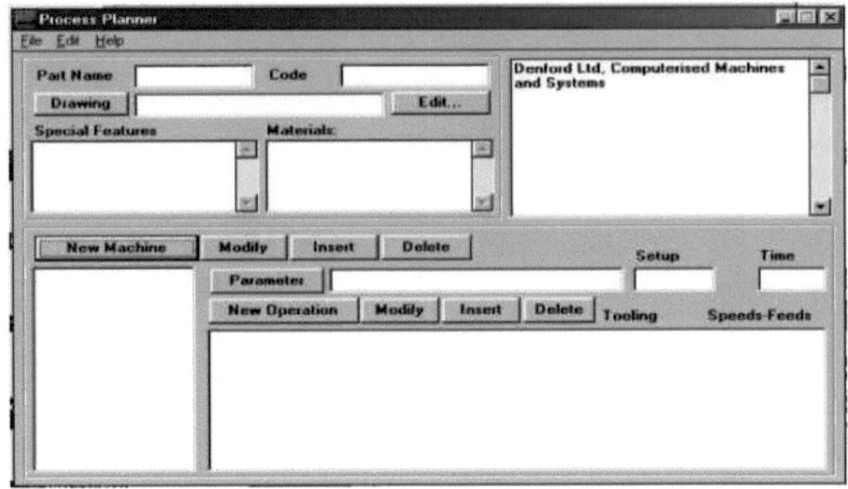

Figura. 4.4 Plaina de processamento

Planeador de processos: - Etiqueta de código

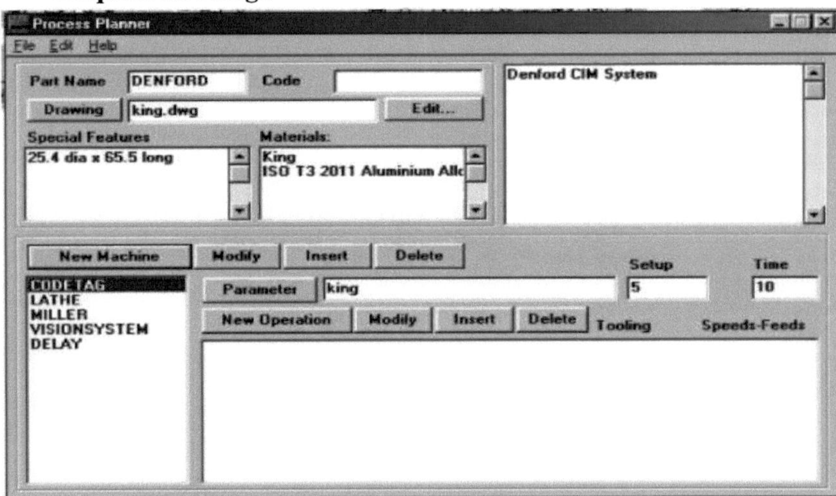

Figura 4.5 Planeador de processos 2

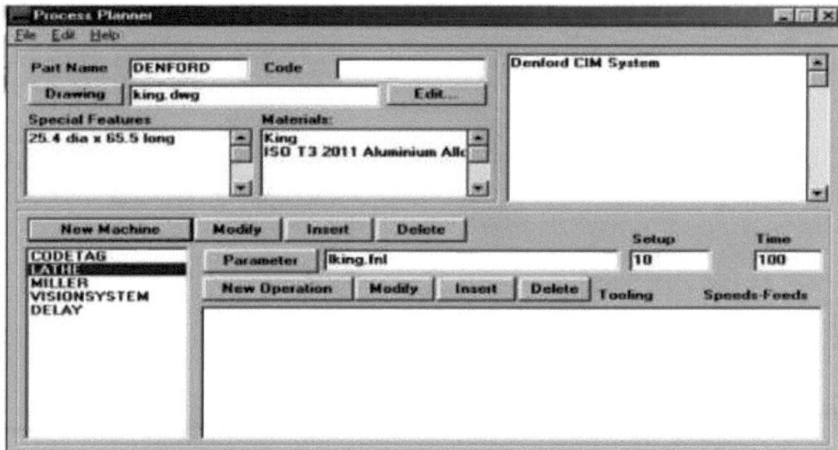

Planeador de processos: - Moleiro

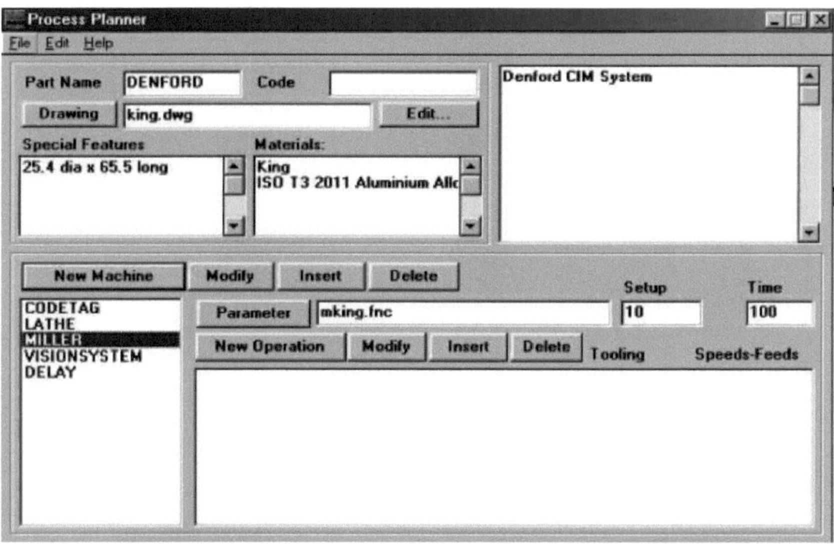

Planeador de processos: - Sistema de visão

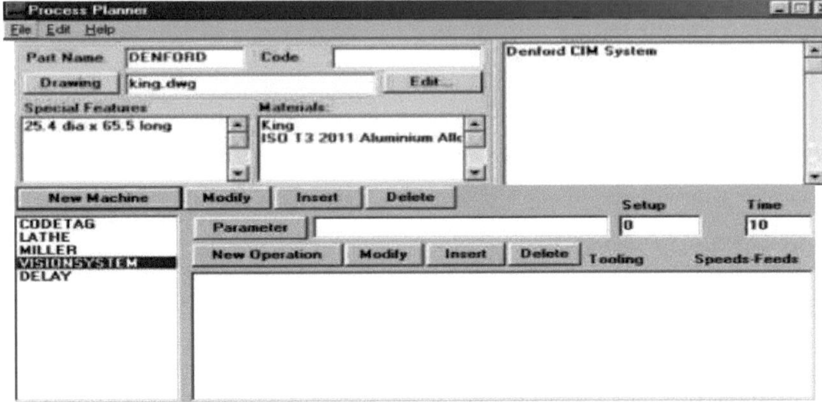

Figura. 4.6 Sistema de visão

Process Planner: - Atraso do transportador

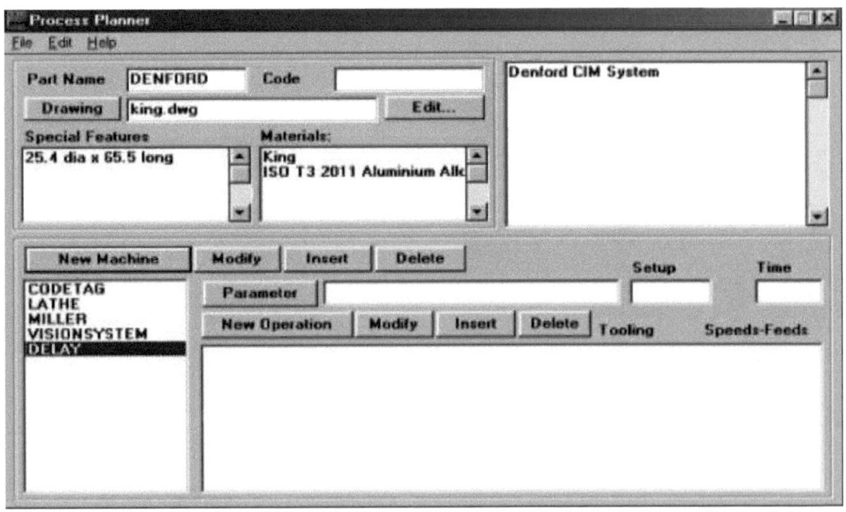

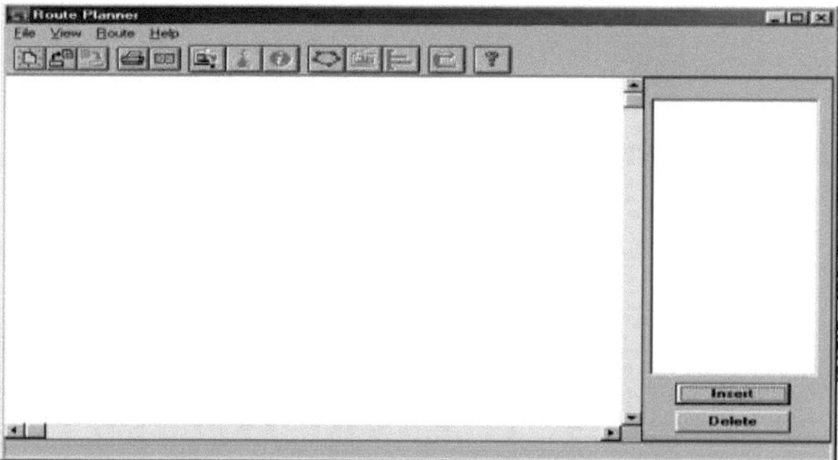

Figura 4.7 Planificador de rotas

Route Planner: - Carregar um plano de produção

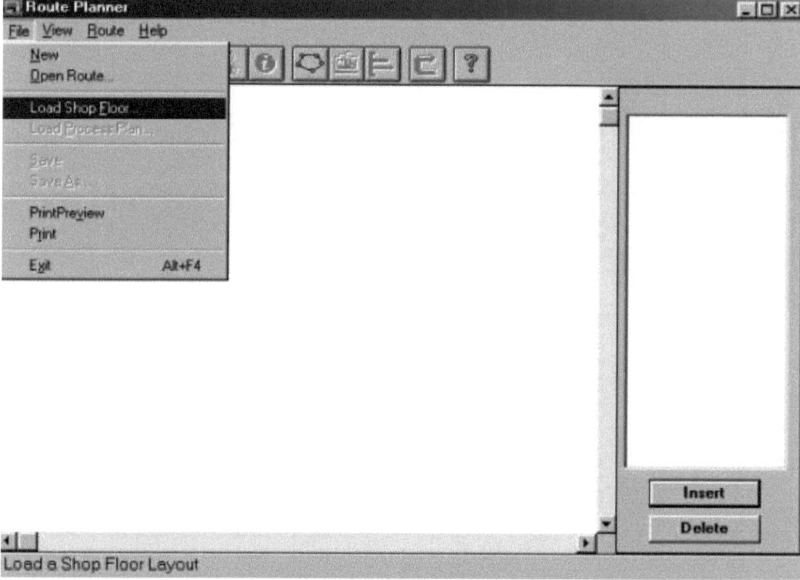

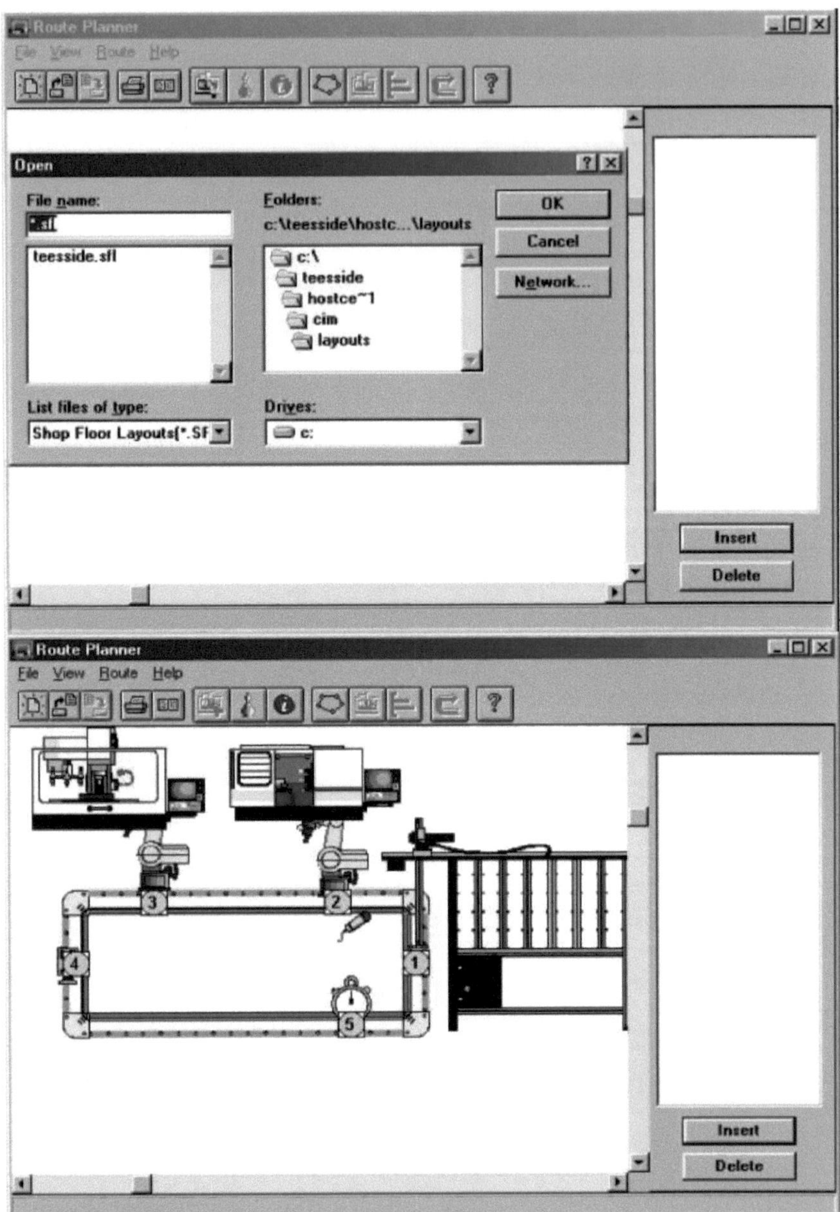

Figura 4.8 Disposição da loja

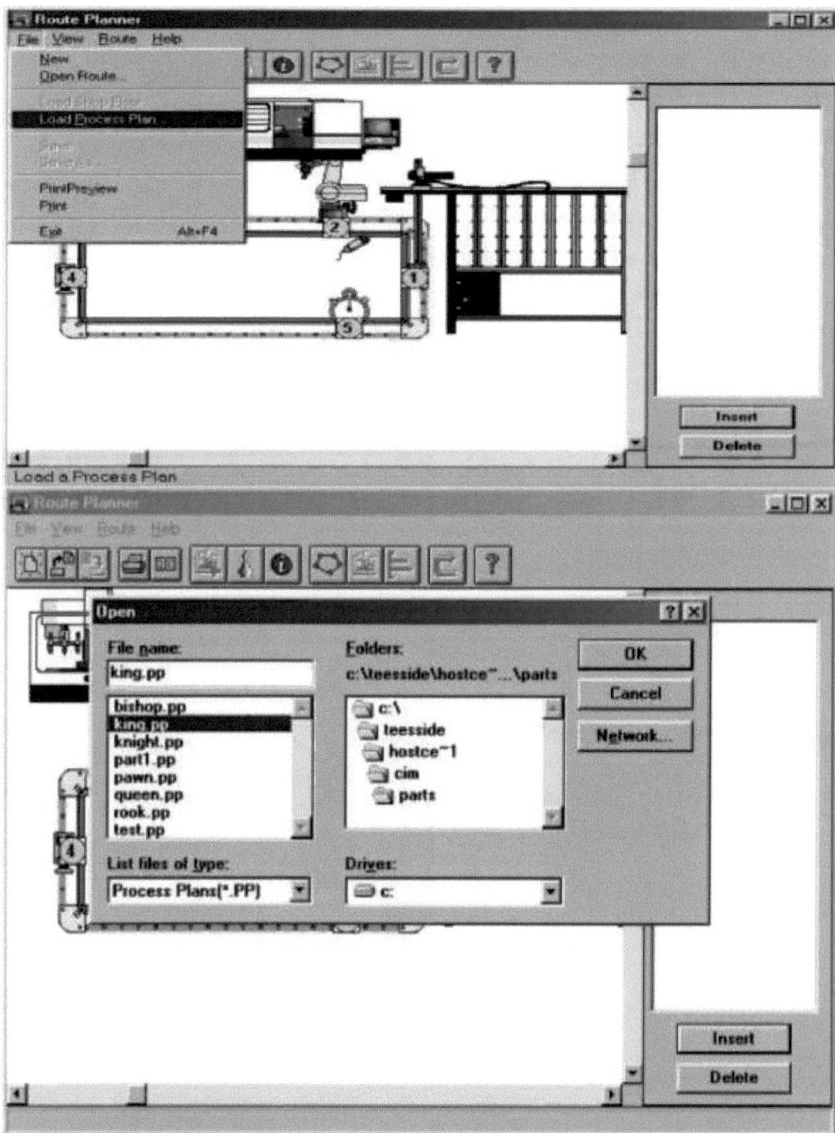

Figura 4.9 Plano do processo de carga

4.8.8 Encaminhamento automático

Selecione a seta verde para o encaminhamento automático.

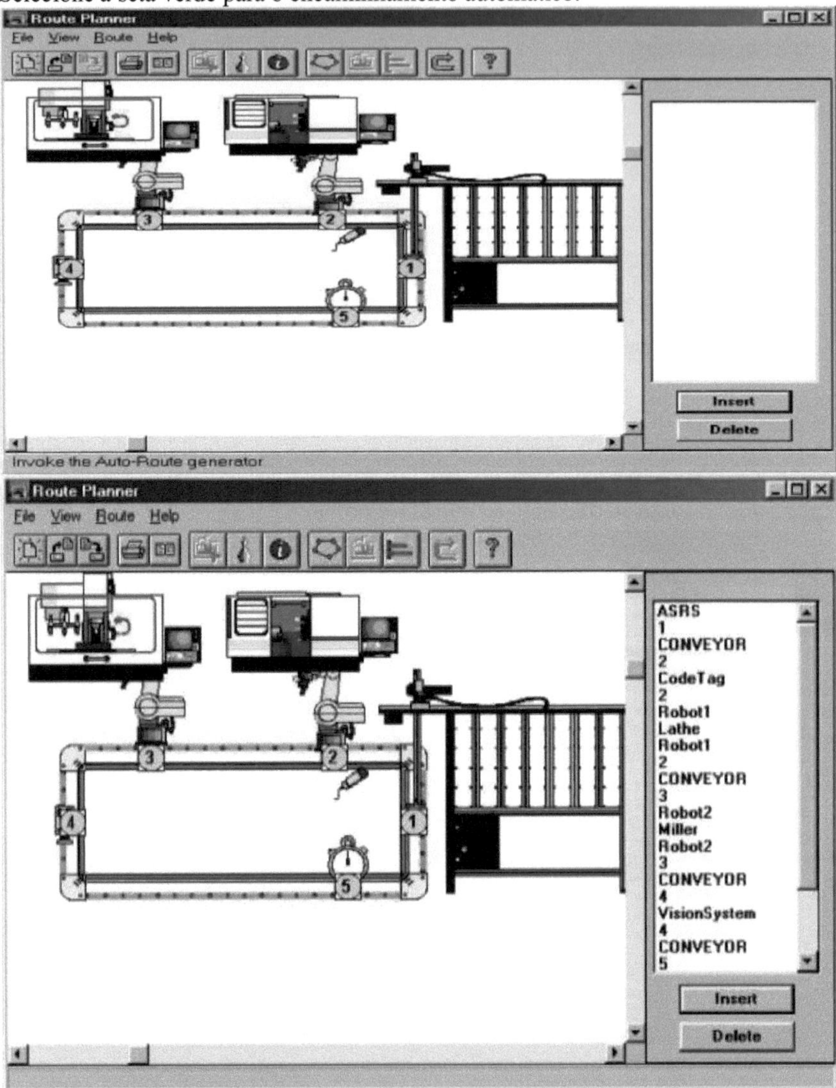

Figura 4.10 Encaminhamento automático

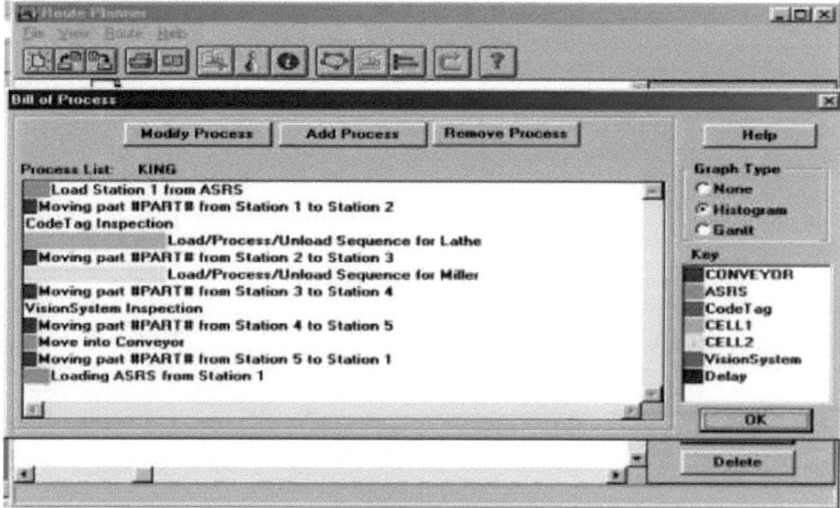

Figura 4.11 Gráfico de barras

4.8.10 Fazer duplo clique em todos os processos para revelar os nomes dos ficheiros de sequência

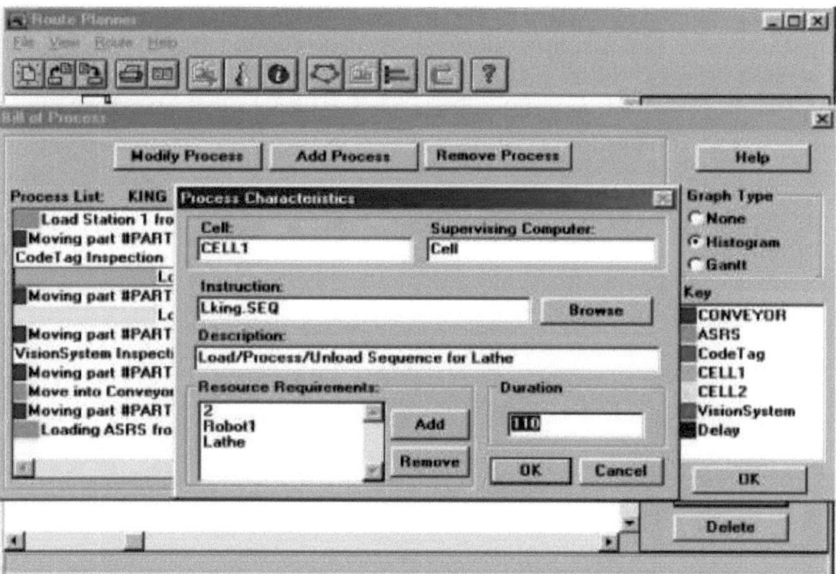

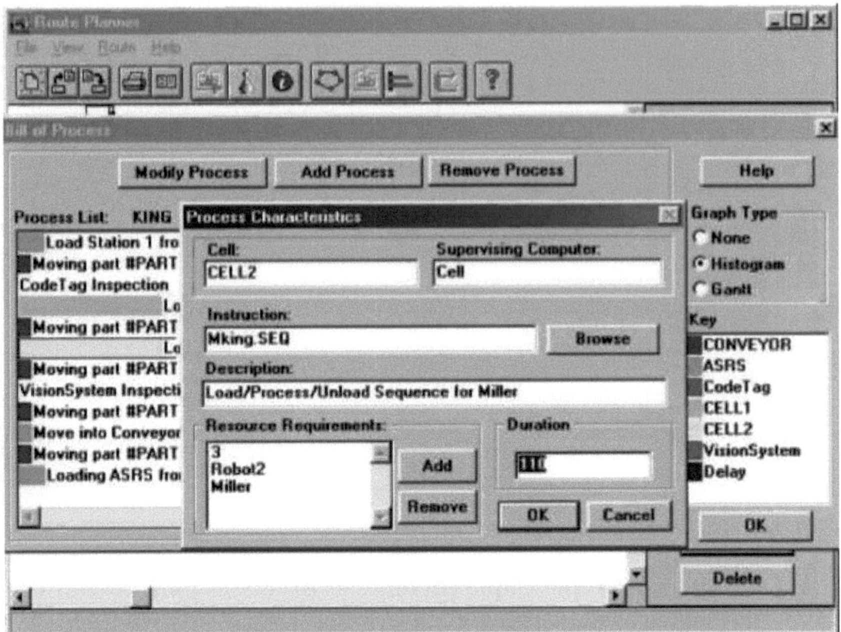

Figura 4.12 Ficheiro de sequência Miller

Os ficheiros *.SEQ (Sequência) e *.CMD (Comando) podem ser criados de duas formas

1. Começar do zero usando os programas de edição Denford SEQEDIT e CMDEDIT
2. Abrir ficheiros *.SEQ's e *.CMD's existentes e semelhantes nos programas de edição SEQEDIT ou CMDEDIT ou usar o WINDOWS NOTEPAD e usar a opção SAVE AS para criar novos programas

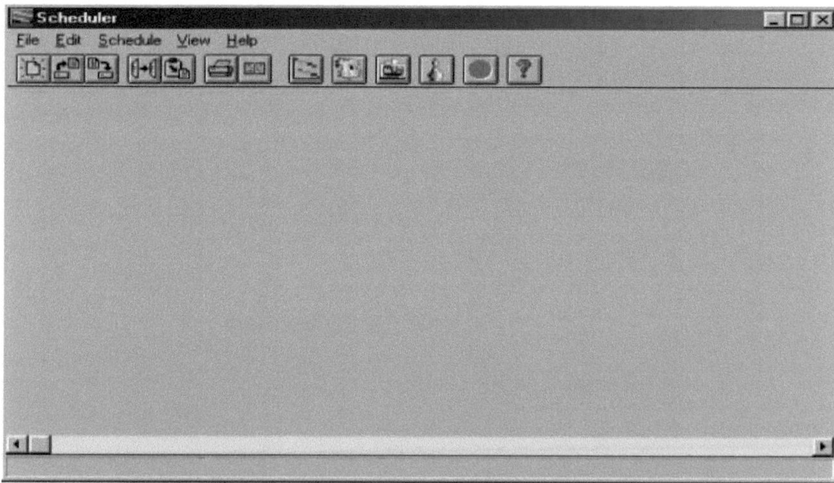

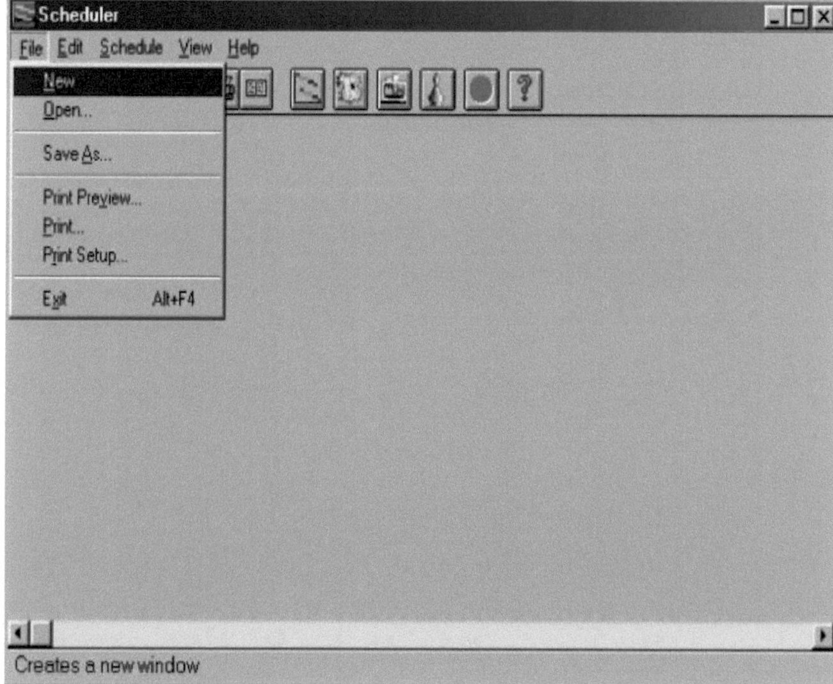

Figura 4.13 Programador

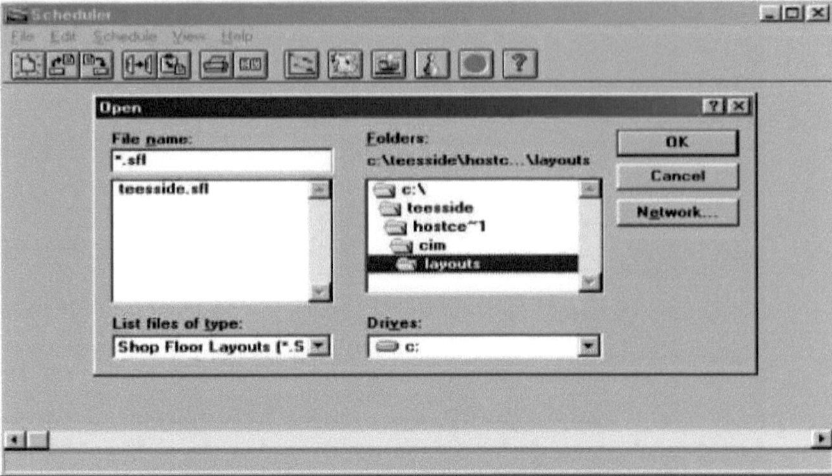

4.8.13 Selecionar as peças associadas à secção da loja selecionada

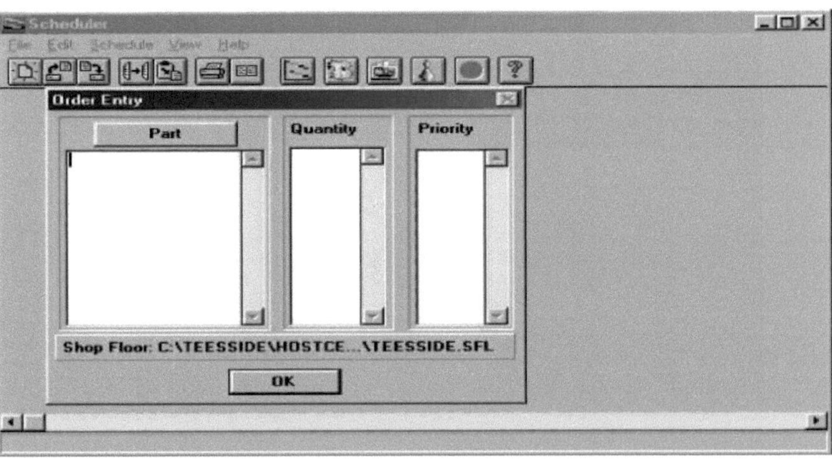

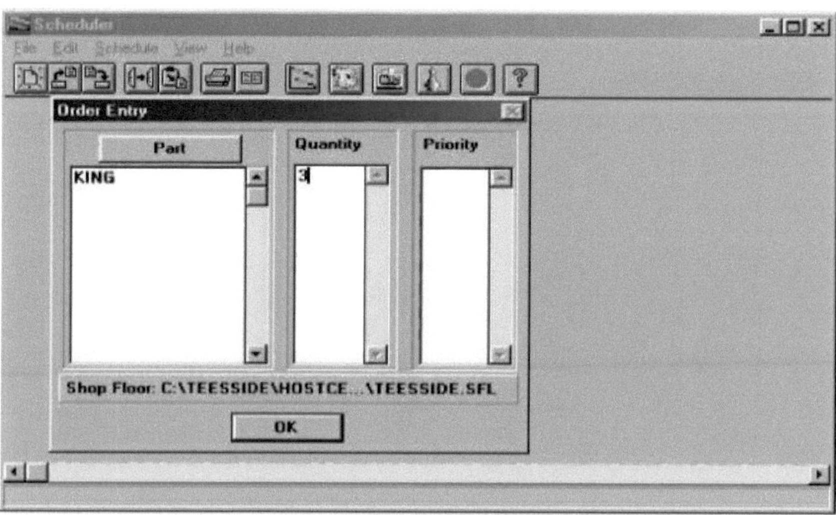
Scheduler
File Edit Schedule View Help
Order Entry
Part
Quantity
Priority
KING
3
Shop Floor: C:\TEESSIDE\HOSTCE...\TEESSIDE.SFL
OK

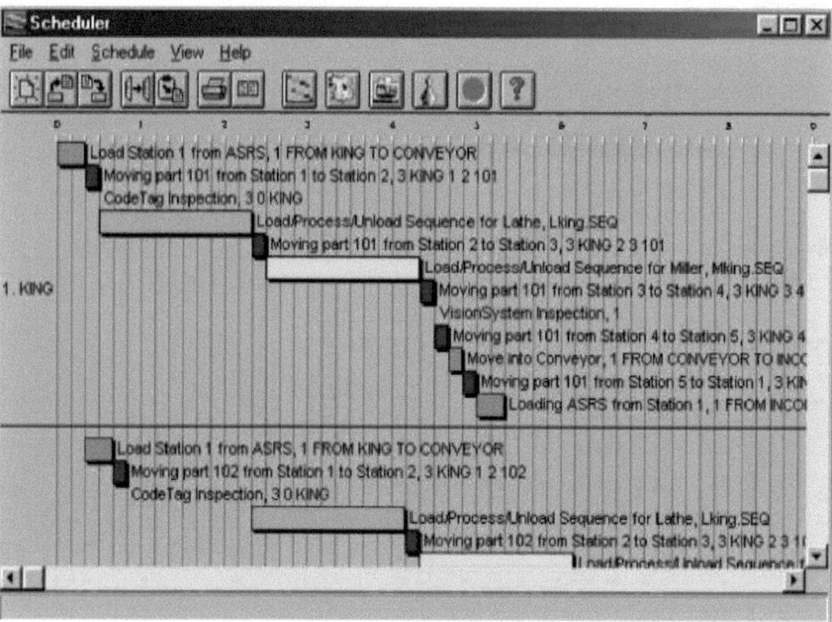
Scheduler
File Edit Schedule View Help
1. KING
Load Station 1 from ASRS, 1 FROM KING TO CONVEYOR
Moving part 101 from Station 1 to Station 2, 3 KING 1 2 101
CodeTag Inspection, 3 0 KING
Load/Process/Unload Sequence for Lathe, Lking.SEQ
Moving part 101 from Station 2 to Station 3, 3 KING 2 3 101
Load/Process/Unload Sequence for Miller, Mking.SEQ
VisionSystem Inspection, 1
Load Station 1 from ASRS, 1 FROM KING TO CONVEYOR
Moving part 102 from Station 1 to Station 2, 3 KING 1 2 102
CodeTag Inspection, 3 0 KING
Load/Process/Unload Sequence for Lathe, Lking.SEQ

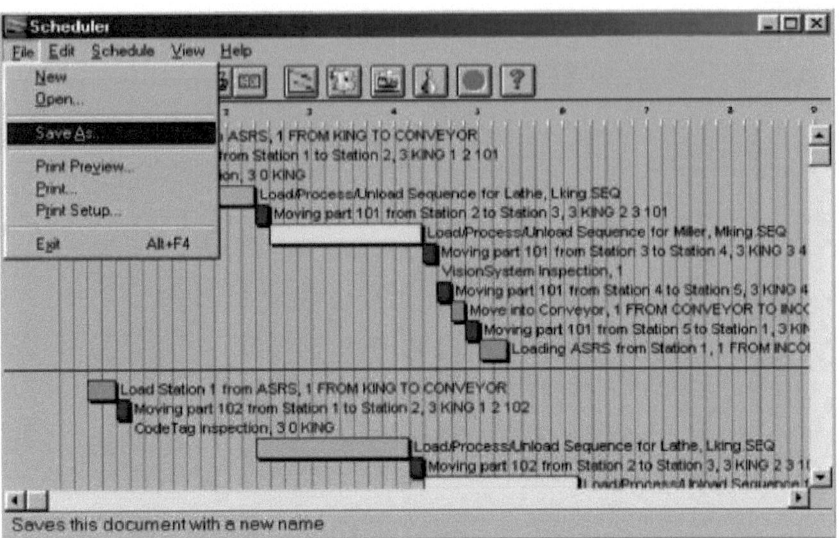
Scheduler
File
Edit
Schedule
View
Help
New
Open...
Save As...
Print Preview...
Print...
Print Setup...
Exit
Alt+F4
Load Station 1 from ASRS, 1 FROM KING TO CONVEYOR
Moving part 102 from Station 1 to Station 2, 3 KING 1 2 102
CodeTag inspection, 3 0 KING
Load/Process/Unload Sequence for Lathe, Lking SEQ
Saves this document with a new name

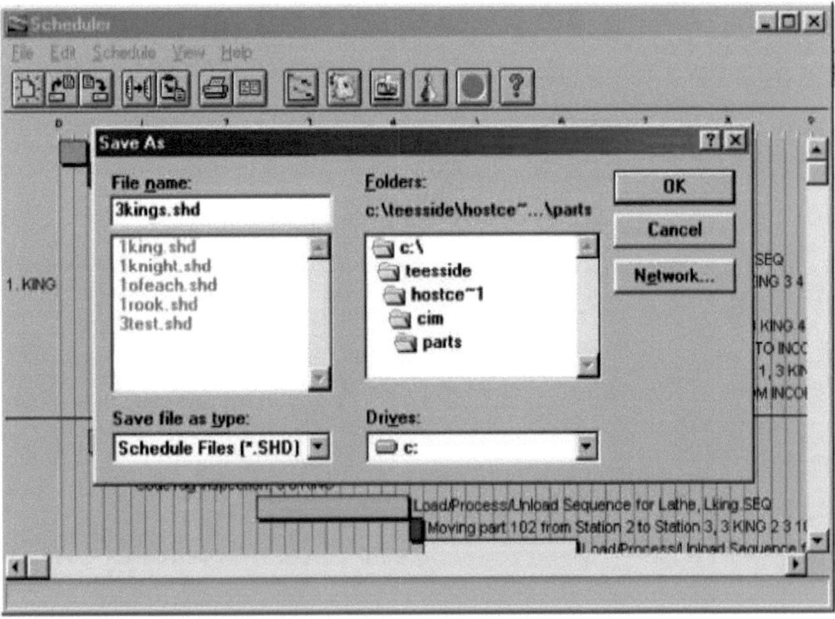
Scheduler
Save As
File name:
3kings.shd
1king.shd
1knight.shd
1ofeach.shd
1rook.shd
3test.shd
Folders:
c:\teesside\hostce~...\parts
c:\
teesside
hostce~1
cim
parts
OK
Cancel
Network...
Save file as type:
Schedule Files (*.SHD)
Drives:
c:
1. KING

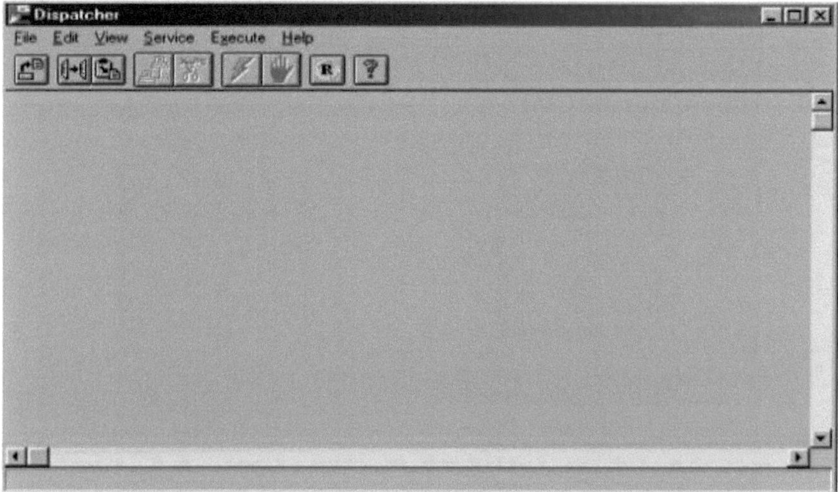

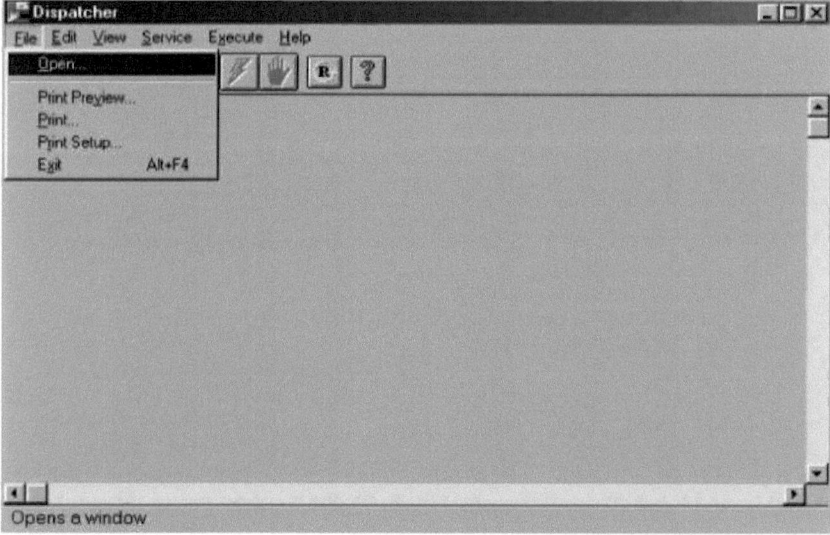

Figura 4.15 Despachante

4.8.15 Executar o sistema CIM

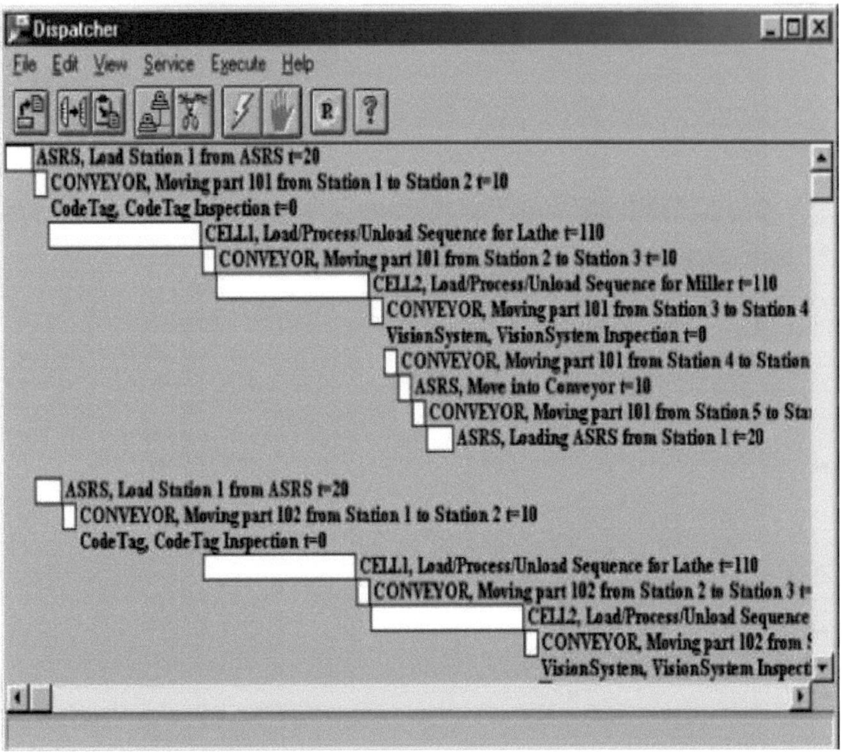

Dispatcher

File Edit View Service Execute Help

ASRS, Load Station 1 from ASRS t=20
CONVEYOR, Moving part 101 from Station 1 to Station 2 t=10
CodeTag, CodeTag Inspection t=0
CELL1, Load/Process/Unload Sequence for Lathe t=110
CONVEYOR, Moving part 101 from Station 2 to Station 3 t=10
CELL2, Load/Process/Unload Sequence for Miller t=110
CONVEYOR, Moving part 101 from Station 3 to Station 4
VisionSystem, VisionSystem Inspection t=0
CONVEYOR, Moving part 101 from Station 4 to Station
ASRS, Move into Conveyor t=10
CONVEYOR, Moving part 101 from Station 5 to Sta
ASRS, Loading ASRS from Station 1 t=20
ASRS, Load Station 1 from ASRS t=20
CONVEYOR, Moving part 102 from Station 1 to Station 2 t=10
CodeTag, CodeTag Inspection t=0
CELL1, Load/Process/Unload Sequence for Lathe t=110
CONVEYOR, Moving part 102 from Station 2 to Station 3 t=
CELL2, Load/Process/Unload Sequence
CONVEYOR, Moving part 102 from
VisionSystem, VisionSystem Inspect

O sistema CIM está agora a funcionar.

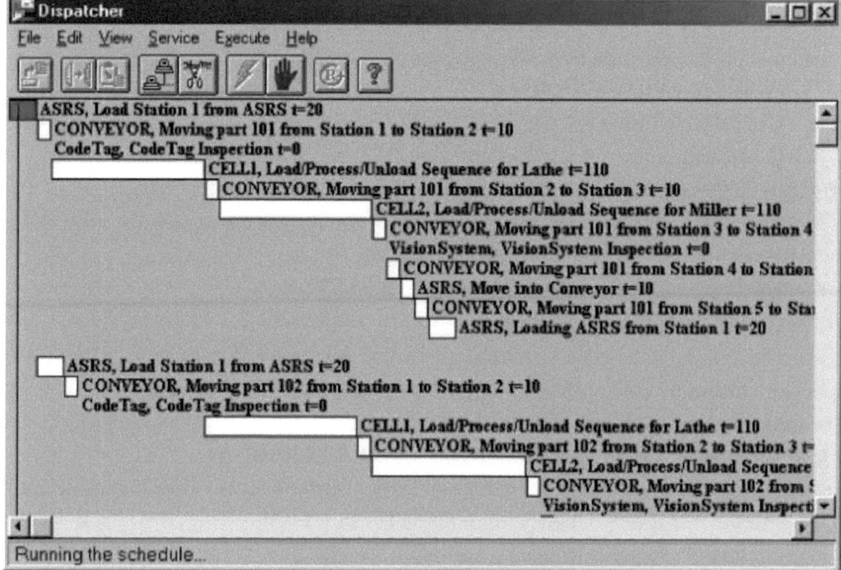

Figure 4.16 Dispatcher Running

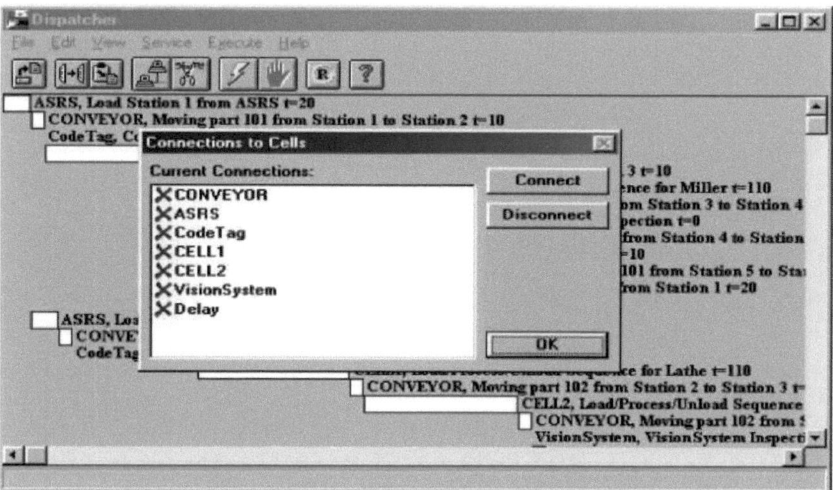

CAPÍTULO 5 - INTERFACE DA FRESADORA VERTICAL CNC RHINO RM/6 COM O COMPUTADOR

O sistema RM/6 é constituído pelos seguintes elementos:

1) Fresadora vertical CNC RM/6,
2) Um cabo de dados RS-232.
3) O software.

A ligação da fresadora RM/6 a um computador é efectuada em duas etapas:

1) Assegurar as definições corretas do software através da ligação do cabo RS-232 do Rhino ao computador utilizando o HyperTerminal.
2) Utilização do software (RMILL versão 2.00.01).

2.1 Utilizar o HyperTerminal

Os computadores PC com os sistemas operativos Microsoft Windows 95, Windows 98 ou superior dispõem de uma aplicação incorporada chamada HyperTerminal.

Esta aplicação é normalmente acessível selecionando:

INÍCIO>PROGRAMAS>ACESSÓRIOS>HIPERTERMINAL

Ao selecionar esta opção, abre-se uma pasta HyperTerminal com vários ícones de aplicações no seu interior. Selecione o ícone com o nome HYPERTRM.

Quando inicia o HyperTerminal, a primeira janela que aparece chama-se Connection Description (Descrição da ligação) (ver fig.5.1). Esta janela permite-lhe dar um nome à ligação e atribuir-lhe um ÍCONE. Neste caso, demos-lhe o nome de "RM6" e selecionámos um dos ícones disponíveis na janela.

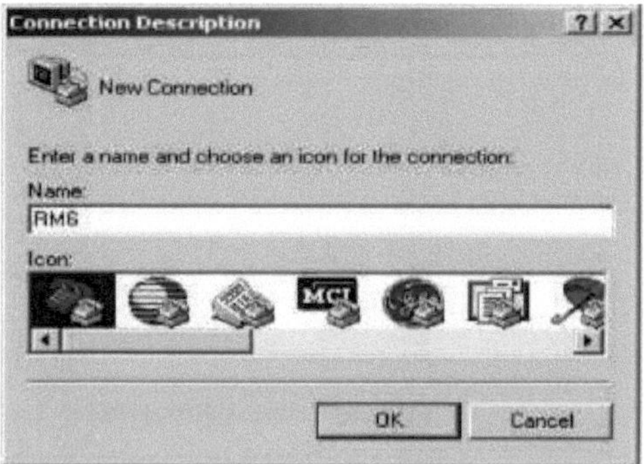

Figura 5.1 Estabelecer ligação

Selecione OK. Depois de selecionar OK, pode receber uma janela pop-up com o nome de número de telefone. Uma vez que não está a utilizar uma ligação por modem, deve selecionar "COM 3" no campo ligar utilizando (assumindo que está a utilizar a porta COM 3 no seu computador). Uma vez selecionada esta opção, os campos Código do país, Código de área e Número de telefone ficam inactivos (ver fig.5.2 e fig.5.3). Selecione OK.

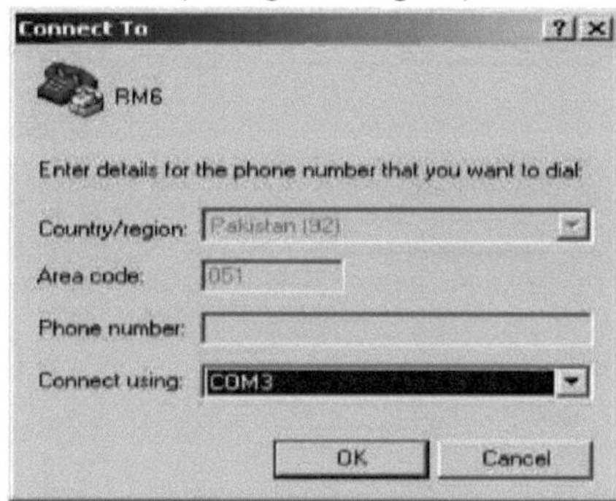

Figura 5.2 Seleção de COM3

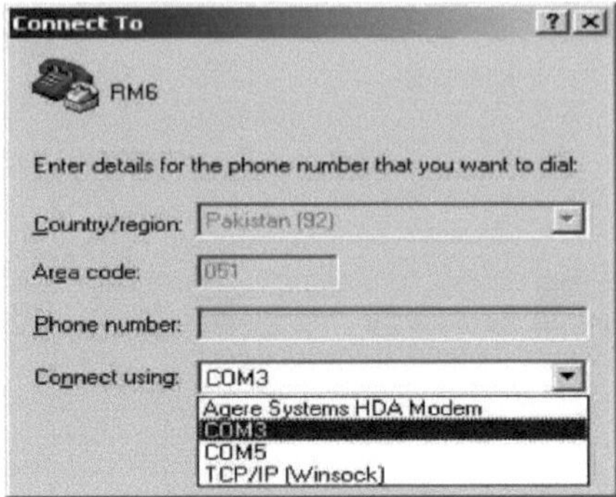

Figura 5.3 Ícones inactivos

Deverá então aparecer uma janela pop-up denominada COM3 Properties (Propriedades COM3) (ver fig.5.4)

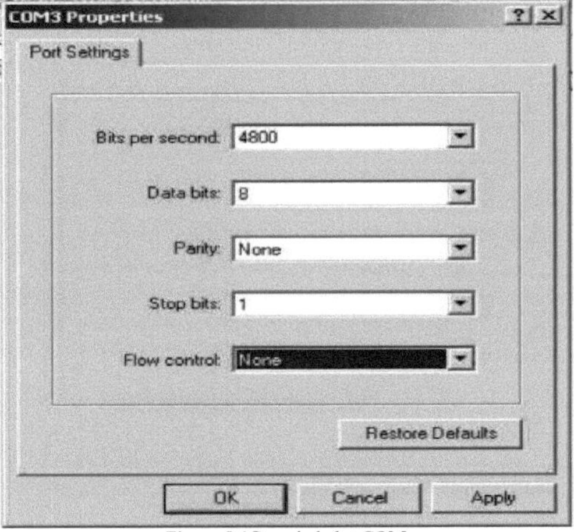

Figura 5.4 Propriedades COM

Em circunstâncias normais, a taxa de transmissão deve ser definida para a mesma taxa que o dispositivo que está a ser controlado e as outras definições devem ser as indicadas: Bits de dados: 8, Paridade: Nenhum, Bits de paragem: 1, Controlo de fluxo: Nenhum. Selecione OK. O passo final consiste em configurar o protocolo ASCII. Na janela principal do HyperTerminal, selecione FICHEIRO>PROPRIEDADES>. Isto abrirá a janela de propriedades da sua ligação (neste caso, a janela Propriedades de resolução de problemas RS-232). Selecione o separador DEFINIÇÕES. Na janela SETTINGS (Definições), verá um botão com a designação ASCII SETUP (Configuração ASCII) (ver fig. 5.5). Selecione este botão. Aparecerá a seguinte janela.

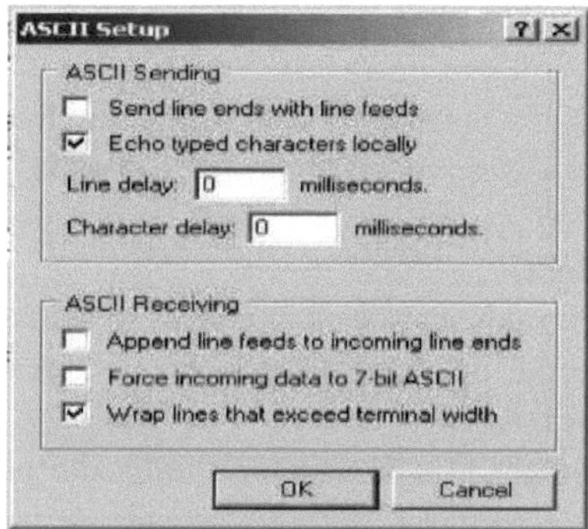

Figura 5.5 Configuração ASCII

Na janela Configuração ASCII, a caixa "Ecoar caracteres digitados localmente" deve ser selecionada. Isto permitir-lhe-á ver as respostas na janela principal do HyperTerminal, se estas forem fornecidas. A caixa "Quebrar linhas que excedam a largura do terminal" já deve estar selecionada e deve permanecer selecionada. Selecione OK.

Agora só deve ter a janela principal do HyperTerminal aberta e todas as definições devem estar concluídas. O dispositivo que pretende controlar deve agora responder aos comandos SCII digitados na janela principal do HyperTerminal.

Dependendo do equipamento que está a ser controlado, pode ser necessário premir a tecla ENTER para executar um comando. Se o dispositivo controlado fornecer feedback em texto ASCII, e se estiver a utilizar uma interligação de três fios (Transmitir/Receber em ambas as direcções), pode também ver respostas do dispositivo que está a controlar na janela principal de hipertexto (ver fig. 5.6).

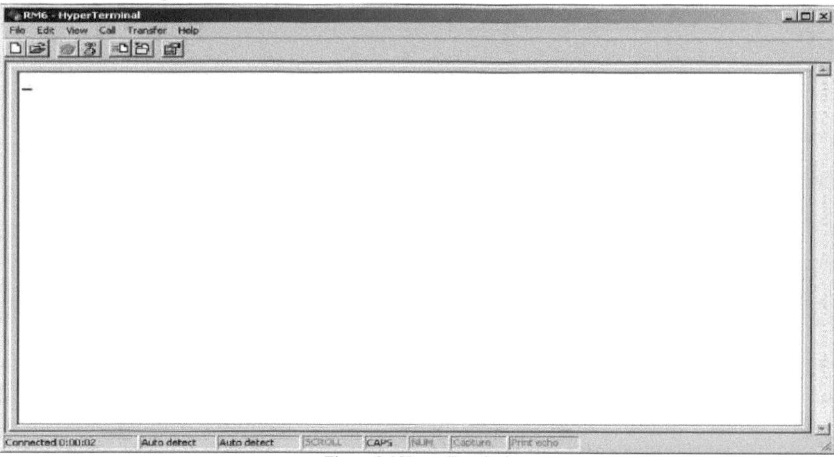

Figura 5.6 Hyper Terminal

2.2 Utilizar o software

2.2.1 Introdução

Combinado com um computador compatível com IBM PC, o RM/6 fornece todo o software e capacidades de máquina necessários para demonstrar e executar um subconjunto abrangente do conjunto de comandos CNC padrão das máquinas industriais de maior dimensão para as quais o aluno está a ser preparado.

O sistema RM/6 é composto por duas partes: a fresadora básica RM/6 e o computador compatível IBM PC fornecido pelo utilizador, sob o controlo do software do sistema operativo RM/6 fornecido pela Rhino.

Através da utilização de códigos G e M padrão, o utilizador pode comandar movimentos transversais rápidos, interpolação linear e circular, atrasos, desvios de origem do sistema de coordenadas da ferramenta, desvios da ferramenta e controlar uma variedade de portas de E/S para integrar o RM/6 numa célula de trabalho de maquinação automatizada.

2.2.2 Software do sistema operativo RM/6

O programa de software RM/6 tem uma estrutura de janelas para solicitar instruções ao utilizador, apresentar mensagens de erro, fornecer informações de ajuda e criar e editar programas CNC. O ecrã apresentado a seguir é o ecrã principal de funcionamento do RM/6 (ver fig. 5.7). Contém quatro secções distintas (ver fig. 5.8)

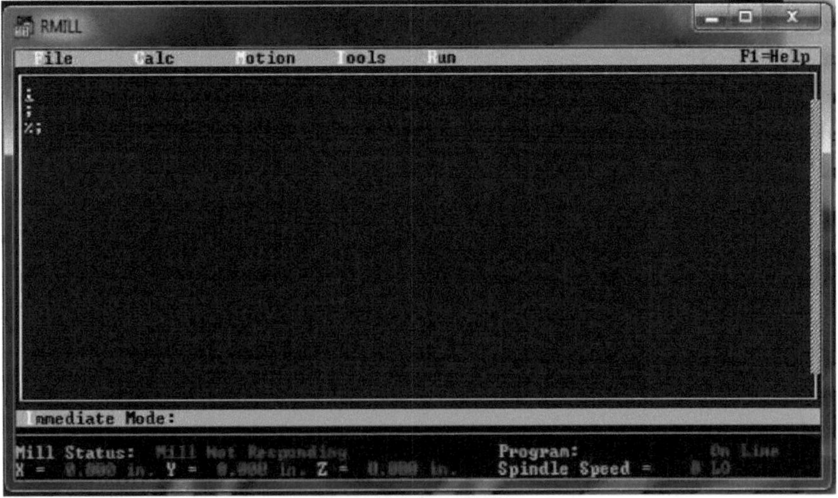

Figura 5.7 Software RMILL

A linha superior das palavras é o menu principal que dá acesso a todos os comandos e utilitários do sistema RM/6. Para ativar um cabeçalho de menu, mantenha a tecla ALT premida e prima a primeira letra do menu pretendido. Por exemplo, para selecionar o menu Ficheiro, prima a tecla ALT e escreva a letra F. Para selecionar itens individuais, prima a primeira letra do menu pretendido. Por exemplo, para selecionar o menu File, prima a tecla ALT e escreva a letra F. Os itens individuais são selecionados a partir da lista, utilizando as teclas de cursor para realçar o item pretendido e premindo a tecla ENTER. Para sair do menu principal, prima a tecla ESC.

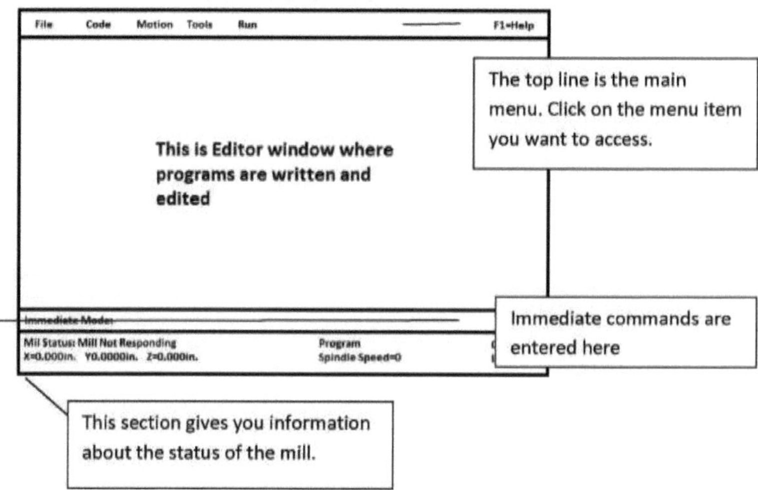

Figura 5.8 Utilizar software

2.3 RM/6 Editor

A grande área no centro do ecrã é o campo de edição, onde se realiza todo o carregamento, criação e edição do programa CNC. Esta secção está ativa por defeito quando o sistema operativo RM/6 inicia a execução. Isto é indicado pelo cursor a piscar no campo de edição. Tanto o Menu Principal como o Modo Imediato regressam aqui quando saem. O RM/6 possui um editor de ecrã completo que permite ao utilizador mover o cursor livremente para qualquer posição de carácter.

Se premir repetidamente a tecla ESC, regressará ao editor a partir de todas as localizações.

CAPÍTULO 6 - CONCEPÇÃO DE UMA PINÇA PARA O BRAÇO ROBÓTICO MITSUBISHI MELFA RV 2AJ

No nosso sistema CIM utilizámos dois braços robóticos Mitsubishi Melfa RV 2AJ para recolher a matéria-prima/peça do transportador e depois colocá-la na máquina de fresagem/torneamento para processamento e depois voltar a colocá-la no transportador que transporta o material para o local de armazenamento.
Os braços robóticos com que fomos equipados eram capazes de apanhar apenas objectos cilíndricos numa gama de diâmetros específica, devido à forma da pinça, como se mostra na figura 6.1. Utiliza um mecanismo de cremalheira e pinhão para abrir e fechar a pinça.

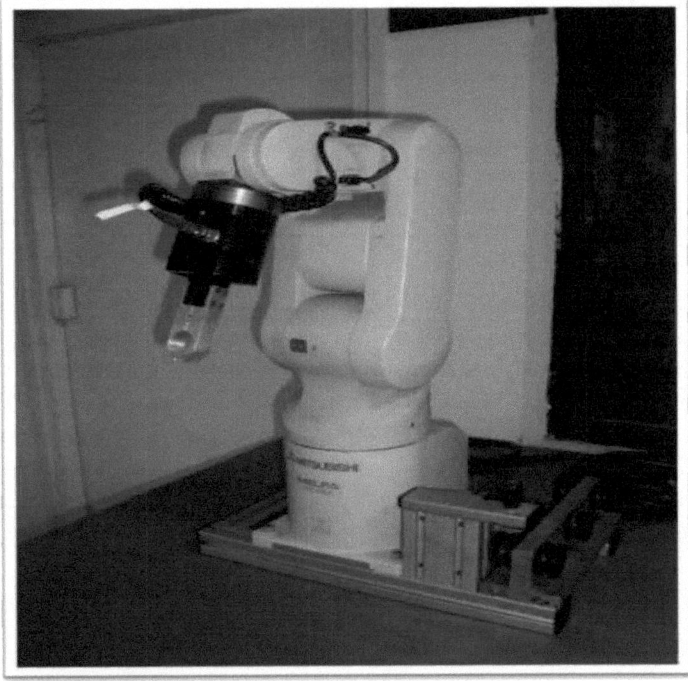

Figura 6.1 Braço robótico Mitsubishi Melfa

6.1 Conceção da pinça

Uma das tarefas consistia em conceber uma pinça para segurar uma vasta gama de formas. Utilizámos o Pro-E 5.0 para o desenho. A ideia de a pinça ser capaz de segurar uma vasta gama de formas pode ser alcançada se as faces das maxilas da pinça forem paralelas. Como em engenharia procuramos a solução mais simples e económica para o problema, optámos pela solução mais simples. Não existem geometrias, formas ou mecanismos complexos no projeto.
O projeto proposto, com as suas dimensões, é apresentado nas figuras 6.2 e 6.3.

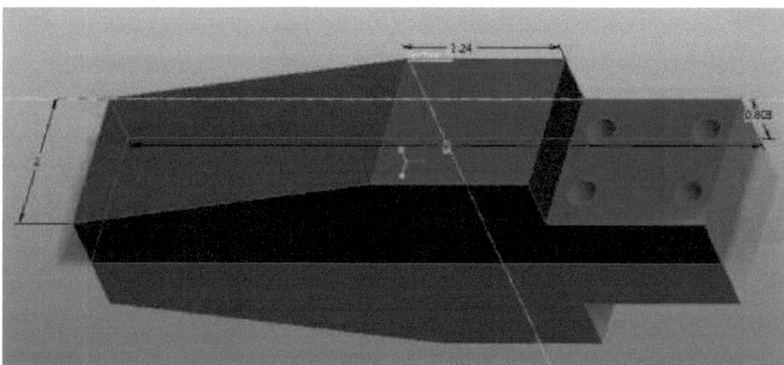

Figura 6.2 Dimensões da pinça

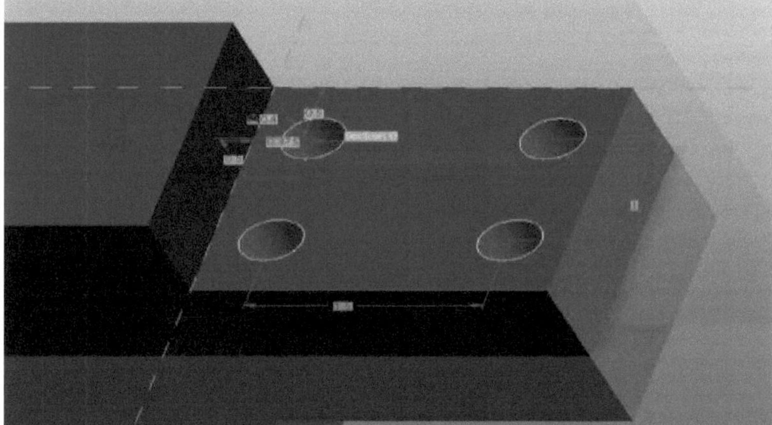

Figura 6.3 Dimensões da pinça

Figura 6.4 Mordentes da pinça

A figura acima mostra as faces paralelas das maxilas da pinça.

6.2 Análise da conceção

O servomotor DC utilizado no braço robótico para a pinça exerce um binário e aplica uma força de preensão de 35N em cada maxilar da pinça. Utilizámos 40N para os cálculos, por uma questão de segurança. Ver figura 6.5.

Figura 6.5 Análise da pinça

Utilizámos o alumínio 2014 como material para a conceção e análise. Tem as seguintes propriedades mecânicas comuns:

- Resistência à tração final de 205MPa no caso de barras extrudidas.
- Resistência à tração à cedência de 125MPa nas condições acima referidas.
- Módulo de elasticidade 72,4GPa

A Figura 6.6 mostra a análise das tensões de von misses do projeto. Mostra que as tensões máximas que podem ocorrer são 3,5x10 N/cm^{22} (3,5MPa), o que é um valor muito pequeno do que a resistência à tração de cedência.

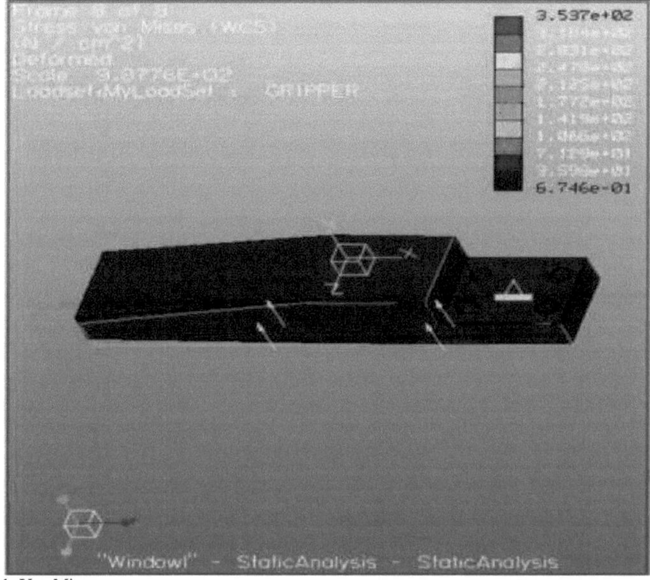

Figura 6.6 Tensão de Von Mises

A figura seguinte (Figura 6.7) mostra o deslocamento da mandíbula em relação ao sistema de coordenadas. O deslocamento máximo que resulta da força máxima aplicada é 9,208x10^{-4} cm.

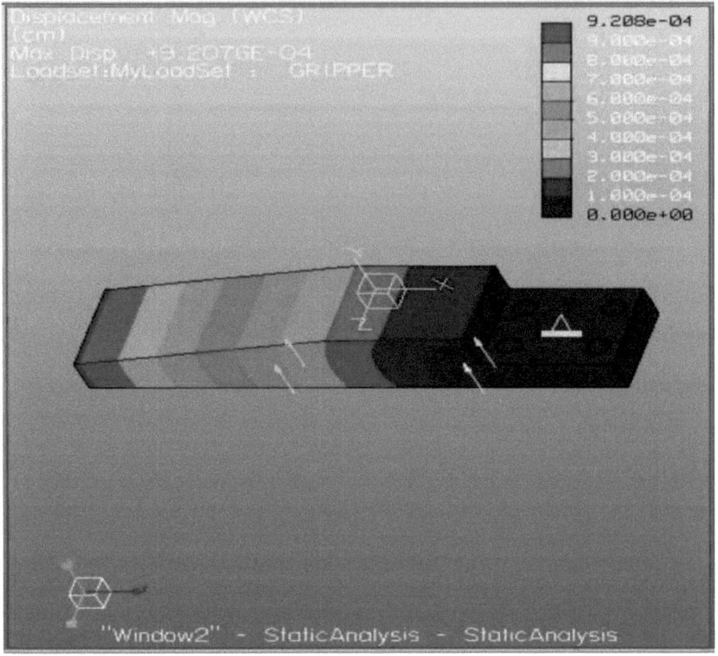

Figura 6.7 Magnitude do deslocamento

A Figura 6.8 mostra as tensões de princípio máximas. O valor máximo da tensão de princípio que pode ocorrer neste caso é 3,849x10 N/cm^{22} (3,849MPa). Este valor é muito pequeno quando comparado com a resistência à tração final. A tabela 6.1 mostra os diferentes valores da análise.

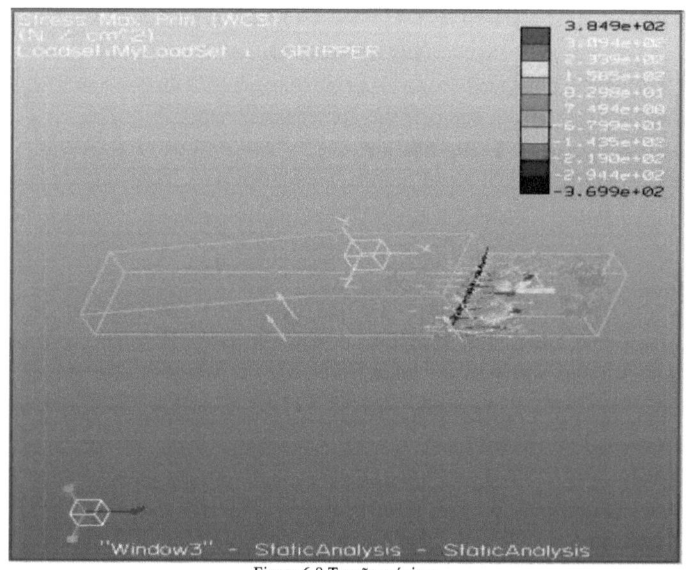

Figura 6.8 Tensão máxima

max disp mag	0.000920761	-4.52	-0.803	0
max disp x	0.000124578	0	0.803	2
max disp y	0.000915616	-4.52	-0.803	0
max disp z	8.71E-06	2.31109	-0.803	0
max prin mag	-717.644	2.24	0	1.75124
max rot mag	0	3.48748	-0.45105	0.978194
max rot x	0	0.820538	2.78E-17	1.20833
rotação máxima y	0	0.820538	2.78E-17	1.20833
max rot z	0	0.820538	2.78E-17	1.20833
tensão máxima prin	384.911	2.16189	-0.803	1.125
tensão máxima vm	353.745	2.16189	-0.803	1.125
tensão máxima xx	-710.03	2.24	0	1.75124
tensão máxima xy	-145.594	2.13587	-0.20075	0.962051
tensão máxima xz	-91.5092	2.24	0	2
tensão máxima yy	-425.523	2.24	0	1.75124
tensão máxima yz	-75.6796	2.47489	-0.24994	0.357283
tensão máxima zz	-379.753	2.24	0	1.75124
min stress prin	-717.644	2.24	0	1.75124
energia de tensão	0.00650391			

Quadro 6.1

CAPÍTULO 7 - RESULTADOS, CONCLUSÕES E FUTURO TRABALHO

Durante o nosso projeto, enfrentámos vários problemas. A lista de todos esses problemas e os métodos que adaptámos para os resolver são apresentados aqui.

7.1 A máquina Denford Triac Miller

A máquina de moagem Denford Triac equipada com o nosso departamento estava avariada devido à falta de ficheiros FROM e S-RAM. Em primeiro lugar, contactámos a Denford UK. Contactámos a "Technology Links" e enviámos-lhes todas as especificações da máquina de moagem Denford Triac, mas a resposta não correspondeu às nossas expectativas. Finalmente, com a ajuda do nosso departamento, conseguimos obter os ficheiros do Hurdersfield Technical College UK. Os ficheiros FROM e S-RAM em falta foram então instalados na máquina Denford Triac Miller mas, mais uma vez, a máquina não estava a funcionar corretamente devido à falta de alguns parâmetros NC. Os seguintes ficheiros foram instalados na máquina Denford Triac Miller:

- NC_BASIC.000
- DG_SERVO.000
- GRÁFICO.000
- NC1_OPTN.000
- PMC0BSC.000
- PMC-RA.000

Definimos diferentes parâmetros NC na máquina a partir do manual e testámo-los todos um a um. Agora, a máquina Denford Triac Miller está totalmente operada e a funcionar corretamente.

7.2 Braços robóticos Mitsubishi RV2AJ

Os braços robóticos Mitsubishi RV2AJ não estavam a funcionar corretamente devido à fraca carga das baterias, pelo que procedemos à substituição das baterias dos braços robóticos Mitsubishi RV2AJ. Após a substituição das pilhas, efectuámos todas as configurações básicas dos robôs para funcionarem com a configuração CIM. Definimos a nova posição inicial dos braços robóticos. Agora os braços robóticos Mitsubishi RV2AJ estão totalmente funcionais.

7.3 O Sistema Automático de Armazenamento e Recuperação (ASRS)

O limite do eixo z do sistema automático de armazenamento e recuperação (ASRS) era um grande problema. O suporte do ASRS cai frequentemente no eixo z sob a ação da gravidade. Após o nosso estudo, ficámos a saber que o problema se devia à flutuação da tensão. O problema da tensão devia-se ao gerador.

7.4 Fresadora vertical CNC Rhino RM/6

Lubrificámos **a máquina de ordenha Rhino RM/6** e procedemos à sua depuração para estabelecer a interface com o computador. A porta de comunicação série não estava a funcionar, pelo que mudámos o CI MAX232 e ligámos o Rhino RM/6 ao computador. Agora o Rhino RM/6 e o computador estão totalmente funcionais.

O computador do módulo de fabrico integrado estava avariado. Criámos uma imagem de segurança do disco rígido e recuperámos todos os dados a partir dela.

O projeto foi realizado na íntegra e foram alcançados os seguintes resultados:

1. Manutenção da máquina Denford Triac Miller.
2. Operação manual da máquina de torno Denford Triac.
3. Operação manual da máquina Denford Triac Miller.
4. Funcionamento manual do Sistema Automático de Armazenamento e Recuperação (ASRS).
5. Funcionamento manual do braço robótico Mitsubishi RV2AJ Melfa.
6. O pós-processador foi desenvolvido em PRO/NC.
7. Integração da máquina de torno Denford Triac, do sistema automático de armazenamento e recuperação (ASRS), do braço robótico Mitsubishi RV2AJ e do transportador para fabrico integrado por computador.
8. Interface da máquina de moagem vertical Rhino RM/6.

7.5 Aspectos importantes a ter em conta

1. As flutuações de tensão são os problemas mais graves a resolver neste projeto. Devido a estas flutuações eléctricas, o Sistema Automático de Armazenamento e Recuperação (ASRS) não funciona corretamente. As causas destas flutuações de tensão ainda não foram determinadas.
2. Todos os três eixos da Fresadora Vertical CNC Rhino são arrastados sobre superfícies rugosas; por isso, a máquina precisa de ser lubrificada antes de ser utilizada.
3. Por vezes, a interface em série da fresadora Rhino com o computador não é possível devido ao facto de o IC MAX232, que é utilizado para a comunicação em série, estar avariado. A razão possível para o MAX232 estar avariado e não funcionar corretamente é a mesma causa, ou seja, flutuações eléctricas.
4. O sistema informático IBM fornecido com a configuração do Rhino tem um hardware muito antigo instalado, de acordo com a tecnologia atual. Se, durante o funcionamento, for desligado (por exemplo, corte de eletricidade) sem o desligar corretamente, não volta a ligar-se durante semanas devido a este hardware antigo.
5. O software utilizado para fazer a interface entre a fresadora Rhino e o computador, RMILL, versão 2.00.01, é um software de sistema operativo de 32 bits instalado neste computador IBM. Como se trata de um software de sistema operativo de 32 bits, não funciona em sistemas de 64 bits ou superiores que são habitualmente utilizados hoje em dia, por isso, se instalar este software num sistema que não seja um sistema operativo de 32 bits, não se esqueça de atualizar o software para que possa funcionar na configuração de sistemas de 64 bits ou superiores.

7.6 Trabalho futuro

1. Interface da máquina de torno Rhino RM/6 com o computador.
2. Fabrico de pequenas peças, por exemplo, engrenagens, etc., para o concurso nacional de engenharia e robótica.
3. Interface entre o torno e a fresadora Rhino RM/6 e o controlador lógico programável.
4. Automatização da porta da máquina de torno RM/6.
5. Processamento de imagens digitais para fins de segurança e inteligência artificial.
6. Atualização do software das máquinas de fresagem e de torno Rhino RM/6.

REFERÊNCIAS

[1] "MANUAL DE INSTRUÇÃO, Explicações detalhadas das funções e operações", Mitsubishi Electric Corporation, Japão 2011.

[2] "MANUAL DE INSTRUÇÃO, Resolução de problemas", Mitsubishi Electric Corporation, Japão, 2011.

[3] "NOTAS DE LABORATÓRIO", Joerge Wolf, Paul Robinson, Universidade de Polymouth, 2006.

[4] . "PRO/MANF VOLUME MILLING TUTOTIAL", Pro engenharia Wildfire, 2004.

[5] "CIM SETUP PROCEDURES", Denford, Inglaterra, 2005.

[6] "ROBOT TRAINING DOCUMENT", Denford, Inglaterra, 2005.

[7] "ASRS SETUP PROCEDURE", Denford, Denford, Inglaterra, 2005.

[8] "FANUC 21i-T, Instruções detalhadas", GE FANUC, 2011

[9] "FANUC 21i-M, Instruções detalhadas", GE FANUC 2011

[10] "RESOLUÇÃO DE PROBLEMAS E MANUTENÇÃO DE CNC MOINHO", GE FANUC, 2011.

[11] "RESOLUÇÃO DE PROBLEMAS E MANUTENÇÃO DE CNC TORNO", GE FANUC, 2011.

[12] "MANUAL DO PROPRIETÁRIO DA MÁQUINA DE FRESAR VERTICAL CNC RM/6", por Rhino Robotics Ltd.

[13] "INTRODUÇÃO AO CONTROLO NUMÉRICO COMPUTADOR com a MÁQUINA DE FRESAR VERTICAL RM/5 e RM/6" Por Rhino Robotics Ltd.

Printed by Books on Demand GmbH, Norderstedt / Germany